浙江省高职院校"十四五"重点教材

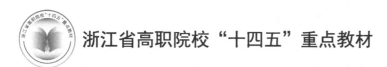

物联网技术及应用

查 娟 张 耀 主 编

严 梅 张怡芳 副主编

电子工业出版社

Publishing House of Electronics Industry

北京·BEIJING

内 容 简 介

随着科技的进步，人工智能和物联网产业不断发展，产业结构不断调整，各学科专业也在不断地向专业群方向建设，多学科之间的知识融合创新教育迫在眉睫。对标企业招聘需求，不难发现，越来越多的岗位倾向于综合性技能人才。当前，人工智能和物联网领域广受关注，在教育教学方式上，融合人工智能领域各项先进技术进行物联网项目开发是一种非常好的教学思路，将促进教育向信息化、智能化的方向发展，走上一个新的台阶。

本教材具有内容新颖、语言平实、注重实践、直观明了、有案例引导等特点。本教材提供电子课件，为每个任务配备了讲解视频。本教材适合应用型本科物联网、电子信息、计算机等专业的教师和学生使用，同时可以作为物联网技术研究人员的参考资料。

图书在版编目（CIP）数据

物联网技术及应用 / 查娟，张耀主编. —北京：电子工业出版社，2024.2

ISBN 978-7-121-47077-6

Ⅰ. ①物… Ⅱ. ①查… ②张… Ⅲ. ①物联网－高等学校－教材 Ⅳ. ①TP393.4 ②TP18

中国国家版本馆 CIP 数据核字（2024）第 020234 号

责任编辑：贾瑞敏

印　　刷：北京七彩京通数码快印有限公司
装　　订：北京七彩京通数码快印有限公司
出版发行：电子工业出版社
　　　　　北京市海淀区万寿路 173 信箱　　邮编：100036
开　　本：787×1092　1/16　印张：10.75　字数：275 千字
版　　次：2024 年 2 月第 1 版
印　　次：2025 年 1 月第 2 次印刷
定　　价：43.00 元

凡所购买电子工业出版社图书有缺损问题，请向购买书店调换。若书店售缺，请与本社发行部联系，联系及邮购电话：（010）88254888，88258888。

质量投诉请发邮件至 zlts@phei.com.cn，盗版侵权举报请发邮件至 dbqq@phei.com.cn。

本书咨询联系方式：（010）88254178，liujie@phei.com.cn。

前言

随着科技的进步，人工智能和物联网产业不断发展，产业结构不断调整，各学科专业也在不断地向专业群方向建设，多学科之间的知识融合创新教育迫在眉睫。对标企业招聘需求，不难发现，越来越多的岗位倾向于综合性技能人才。当前，人工智能和物联网领域广受关注，在教育教学方式上，融合人工智能领域各项先进技术进行物联网项目开发是一种非常好的教学思路，将促进教育向信息化、智能化的方向发展，走上一个新的台阶。

本教材依据物联网应用技术专员、运维工程师等岗位需求，以智能车为载体，以实践为主线，以岗位需求构建技术与能力融合教学模块，以典型应用项目实施技术与能力融合人才培养计划，以具体任务开展层次化教学活动，注重模块化、系统化案例设计，以项目引领，以任务驱动，设计开发物联网系统。本教材包含 10 个项目，35 个任务。

为方便教学和学生学习掌握，本教材在编写思路上落实教材和教学一体化设计，围绕"析原理、示操作、践任务、评效果"四步教学活动开展教材内容编排，有效促进学生完成学习目标，帮助学生掌握项目开发分析及解决问题的技能，引导学生自信自强、守正创新、踔厉奋发、勇毅前行。

本教材团队由全国优秀教师、教授、具有华为公司丰富工程经验的骨干教师等组成，他们教学经验丰富，力求知识点准确，阐述清楚，内容科学、合理、先进。尽管做出诸多努力，本教材仍可能存在疏漏，恳请读者批评指正。

目 录 ----------------------------------■

项目 1 硬件配置

导入学习情境

汽车智能化通过搭载先进传感器，运用人工智能新技术，让车有了新的功能。我们将通过学习采用树莓派芯片驱动控制智能车实现各种智能化功能，从而展现时代的新风貌。

知识目标

- 掌握树莓派系统的安装方法。
- 掌握树莓派系统连接网络的方法。
- 掌握树莓派系统的文件管理和运行方式。

技能目标

- 能够正确安装树莓派系统并完成启动。
- 能够配置无线网络，登录账号和密码。
- 能够远程登录树莓派系统并进行文件运行和处理。

素质目标

- 通过引入智能车驾驶的行业现状，引导学生自主创新研发的热情。
- 通过对芯片行业进行介绍，提升学生强烈的爱国热情。

任务 1：操作系统配置

任务描述

- 任务要求：认识树莓派智能车各部件的名称及功能，完成系统的安装。
- 任务效果：完成树莓派智能车操作系统的安装，上电启动后，开机灯正常闪烁。

一、智能车硬件及系统介绍

本书中的实验设备采用创乐博科技有限公司开发的树莓派 4B AI 智能车，产品型号为创乐博 CLB-LRB-AI02。这款产品的控制板为 4B Raspberry Pi 主板，智能车构件清单如表 1.1 所示。

表 1.1　智能车构件清单

序号	名称	数量
1	4B Raspberry Pi 主板	1
2	树莓派功能扩展板	1
3	功放驱动板	1
4	7.4V 29.6mAh 锂电池	1
5	8.4V 锂电池充电器	1
6	摄像头	1
7	数码管电压表	1
8	PCA9685 舵机	1
9	圆形大喇叭	1
10	四驱智能车底盘	1
11	16GB SD 卡（配读卡器）	1
12	红外避障传感器	2
13	轮子驱动电机	4
14	其他（包括螺钉、螺帽、杜邦线和摄像头固定架等）	若干

以上设备为创乐博科技有限公司开发的产品——树莓派 4B AI 智能车的构件，也可自己配备相关构件进行功能开发。

树莓派智能车外观图如图 1.1 所示。

图 1.1　树莓派智能车外观图

在智能车的主板芯片中需要安装树莓派操作系统。系统安装采用 U 盘安装方式，使用镜像烧录工具将系统文件烧录到存储卡（TF 卡）中，存储卡容量选择 16GB 或 32GB 均可。

烧录操作系统采用工具 balenaEtcher，在本地 PC 端下载工具进行安装。可以进入网站选择适合自己计算机配置的版本进行下载，下载完成后首先双击镜像烧录工具的.exe 可执行文件，如 balenaEtcher-Setup-1.5.51.exe，根据默认向导安装即可。镜像烧录工具运行界面如图 1.2 所示。

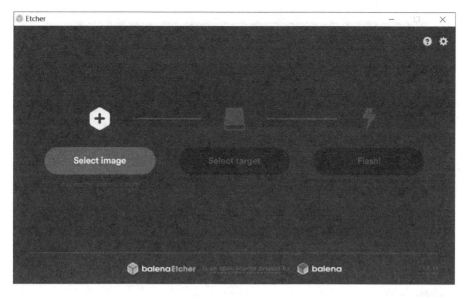

图 1.2　镜像烧录工具运行界面

在烧录操作系统之前，还需要将存储卡格式化，确保存储卡中无内容。格式化的具体步骤如下。

（1）将存储卡插入读卡器，如图 1.3 所示。

图 1.3　读卡器插卡示意图

（2）将读卡器插入计算机的 USB 口，查看"我的电脑"，确定新增的盘符。

（3）下载存储卡格式化工具 SDFormatter，双击"SDFormatter.exe"，选择存储卡盘符进行格式化。

在格式化的过程中注意不要拔出读卡器，完成格式化后就可以烧录操作系统了。应根据对应的主板型号下载树莓派操作系统。

采用 balenaEtcher 烧录工具进行镜像文件烧录，烧录步骤如下。

（1）解压缩树莓派镜像文件，解压之后为*.img 文件。

（2）打开镜像烧录工具，添加*.img 文件。

（3）自动生成读卡器盘符，如果不能自动生成，就手动选择插上存储卡的读卡器盘符。

（4）开始烧录。

注意，在烧录过程中不能拔出存储卡，系统烧录完成显示界面如图 1.4 所示。

图 1.4　系统烧录完成显示界面

二、功能示范

安装完操作系统后，系统开机显示如图 1.5 所示，数码管显示的是当前电压值。需要注意的是，当电压低于 6V 时需要及时充电。

图 1.5　系统开机显示

三、任务实践

（1）分析智能车，完成硬件组件名称、外观及功能的梳理。

（2）开机确定电量，判断是否需要充电。

（3）观察开机指示灯的亮灭情况，判断系统是否正常安装。

任务 2：IP 地址获取

☁ 任务描述

- 任务要求：完成树莓派智能车的联网。
- 任务效果：能够设置树莓派智能车存储卡的 Wi-Fi 账号；能够获取智能车的 IP 地址。

一、树莓派主板的地址

设备联网通常都有两个地址，MAC 地址（Media Access Control Address），可直译为媒体访问控制地址，MAC 地址是固定不变的，可以将其看作设备的身份标识；而 IP 地址是根据不同网络划分的可改变的地址。

树莓派可以通过 Wi-Fi 联网，对 Wi-Fi 账号密码的配置需要使用 Linux 操作系统完成，因此在本地 PC 端需要安装 Linux 操作系统，可以是虚拟机安装的 Linux 操作系统，本书的操作基于 VirtualBox 虚拟机安装的 Ubuntu 操作系统。

开启 Linux 系统，在插入读卡器的情况下，找到挂载的读卡器，进入 root\etc 目录，找到 wpa_supplicant 文件夹，如图 1.6 所示。

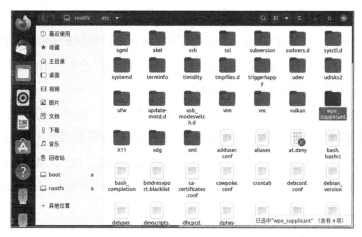

图 1.6　wpa_supplicant 文件夹的位置

打开 wpa_supplicant 文件夹，找到名为 wpa_supplicant.conf 的文件，如图 1.7 所示。在空白处右击，在弹出的快捷菜单中选择 open in terminal，打开终端，在终端中输入指令：sudo gedit wpa_supplicant.conf，按回车键后终端提示输入根用户的密码，输入密码后就会打开 wpa_supplicant.conf 文件，里面有树莓派系统的 Wi-Fi 账号和密码设置。

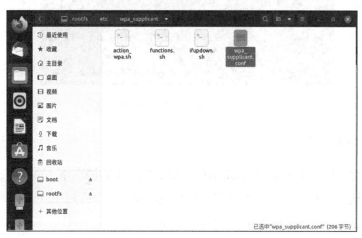

图 1.7　wpa_supplicant.conf 文件

在开展实验的过程中，我们可以采用手机热点，也可以采用其他无线网络连接智能车，无论是哪种网络，账号和密码都应设置得尽可能简单，不要有空格或特殊字符等，以免在后续连接输入的时候出错。设置好 wpa_supplicant.conf 文件中的账号和密码之后，单击右上角的"保存"按钮保存该文件。

当设置完树莓派智能车系统的 Wi-Fi 账号和密码以后，就可以在虚拟机中断开读卡器盘符，拔出读卡器。将读卡器中的存储卡插入智能车的树莓派主板上，存储卡的黑色面朝上，插入存储卡之后，打开树莓派智能车的开关，这时主板上的存储卡旁边有两个灯会亮，红色灯一般常亮，绿色灯会不规律闪烁。插入存储卡后等待 1 分钟左右，智能车系统即可完成启动。

这款智能车系统没有开发可以自动查询智能车 IP 地址的功能，因此需要通过其他方式获取智能车的 IP 地址。智能车的 MAC 地址是固定的，首次使用时建议使用手机热点，以保证信号强度，且容易寻找 IP 地址。采用本地 PC 辅助寻找智能车的 IP 地址，因此 PC 端也需要连接手机热点，以保证它们在同一局域网中。

部分手机型号支持显示热点接入设备的 IP 地址和 MAC 地址，可以通过手机直接获取 IP 地址，如果不能直接显示，那么可以通过 PC 端下载局域网扫描器工具搜索。

获取智能车的 IP 地址后，可以再一次确定网络是否正常，PC 以 Windows 系统为例，单击视窗按钮，在输入栏中输入 cmd 进入终端界面，输入 ping+智能车的 IP 地址，若网络正常，则 ping 通，如图 1.8 所示。

图 1.8　ping 通的智能车的 IP 地址

二、功能示范

下面将演示在已知 MAC 地址（DC:A6:32:C3:52:BC）的情况下，如何通过局域网扫描器的方式获取 IP 地址。首先确保已经设置好树莓派存储卡的 Wi-Fi 账号和密码，并能够正常开机启动。本地 PC 端的无线网络也已经连接到手机热点上。

在本地 PC 上打开 cmd 窗口，输入 ipconfig，如图 1.9 所示。

图 1.9　输入 ipconfig

按回车键后查询到本机的 IP 地址，如图 1.10 所示。

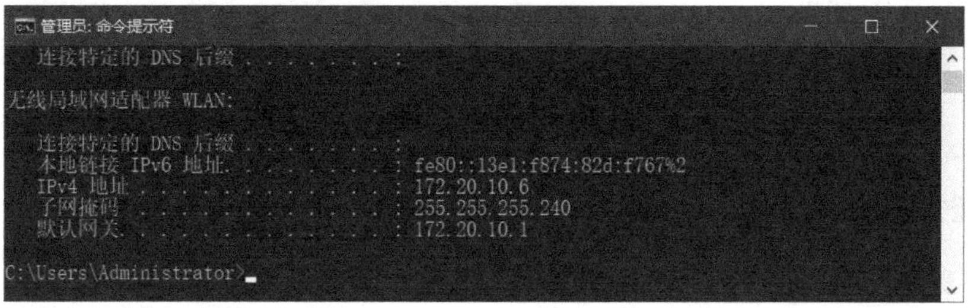

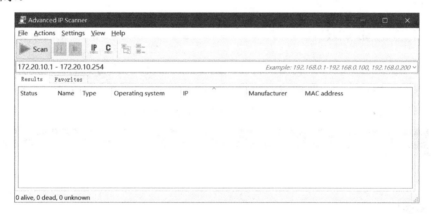

图 1.10　本机 IP 地址

打开局域网扫描器，在输入栏中输入要搜索的 IP 地址范围，主机号从 1 搜索到 254，如图 1.11 所示。

图 1.11　IP 地址搜索

单击图 1.11 左上角的 Scan 按钮，开始进行局域网设备接入情况的扫描，局域网搜索显示如图 1.12 所示。

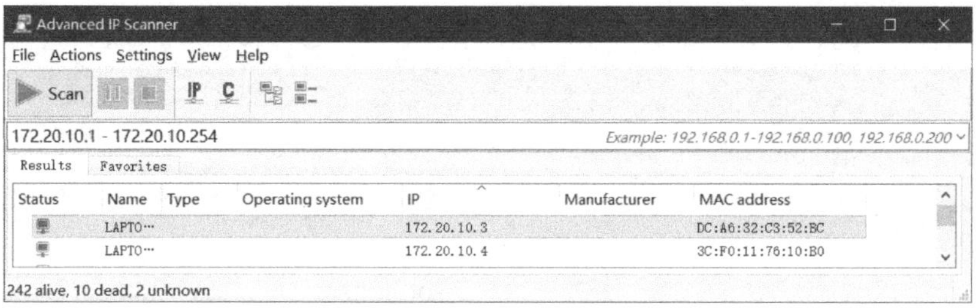

图 1.12　局域网搜索显示

通过图 1.12 可以看出，连接设备会显示出对应的 MAC 地址和 IP 地址，从而根据 MAC 地址获取当前设备被分配到的 IP 地址。例如，MAC 地址为 DC:A6:32:C3:52:BC，对应的 IP 地址为 172.20.10.3，MAC 地址一般在手机热点中可以查询到，如果没有显示，可以考虑通过路由器的方式来查询，这里不再赘述。

三、任务实践

根据以上内容，修改树莓派智能车存储卡的 Wi-Fi 账号和密码，并通过开机联网，获取树莓派智能车的 IP 地址。

任务 3：树莓派文件运行

☁ 任务描述

- 任务要求：完成树莓派系统中文件的正常运行和结果输出。
- 任务效果：

（1）通过 VNC 进入树莓派系统，熟悉系统结构和文件位置。

（2）完成 PC 端和树莓派端间的双向文件传输，且可以正常运行文件，通过日志区查看文件运行结果。

一、FileZilla 和 VNC

VNC 是一款优秀的远程控制工具软件，由两部分组成：一部分是客户端应用程序（VNC Viewer），另外一部分是服务器端应用程序（VNC Server）。在 PC 端安装客户端应用程序，根据安装向导完成即可，安装完成后，打开 VNC Viewer 主界面，如图 1.13 所示。

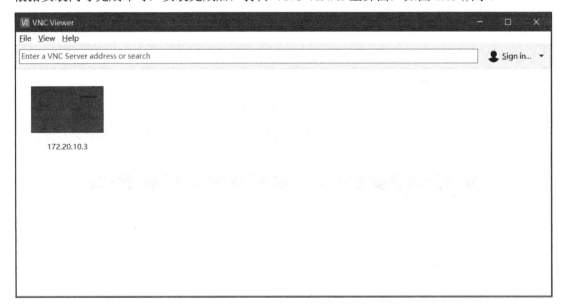

图 1.13 VNC Viewer 主界面

远程访问 VNC 时需要输入访问对象的 IP 地址，已经使用过的 IP 地址会自动保存在空白区域。例如，成功连接过地址 172.20.10.3，因此将其显示在图 1.13 中。如果是第一次使用，那么主界面中将没有任何历史 IP 地址记录。完成 IP 地址输入后按回车键，会弹出提示框，表示正在连接，如图 1.14 所示。

图 1.14　VNC Viewer 连接界面

等待服务器响应后，会弹出新的对话框，需要输入账号和密码，树莓派系统的账号为 pi，密码为 raspberry。

输入账号和密码后单击 Continue 按钮，直接进入树莓派系统桌面，如图 1.15 所示。

图 1.15　树莓派系统桌面

在树莓派主板上运行文件有两种方式，第一种是将 PC 端的本地文件上传到树莓派上运行，第二种是在树莓派系统中直接编写模块代码运行。

将 PC 端的本地文件传输到树莓派系统中可以使用 FileZilla 工具，FileZilla 工具是一款免费的传输工具，能够实现 PC 端和树莓派端之间的双向文件传输。FileZilla 安装在 PC 端，安装过程非常简单，这里就不介绍了，安装完成后打开工具，FileZilla 工具界面如图 1.16 所示。

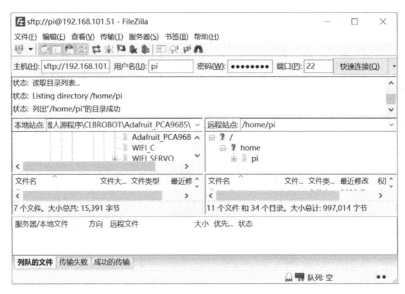

图 1.16　FileZilla 工具界面

在使用 FileZilla 工具进行文件传输之前，需要先连接树莓派主板。在 FileZilla 工具界面中，在主机位置输入树莓派主板的 IP 地址，用户名为 pi，密码为 raspberry，端口默认为 22，单击"快速连接"按钮。连接成功后在下方会有提示状态：列出"/home/pi"的目录成功。

FileZilla 工具左侧是本地站点，即 PC 端；右侧是远程站点，即树莓派主板端。通过 FileZilla 工具可以实现本地站点和远程站点间的双向文件传输。单击需要传输的文件，然后拖动鼠标到指定位置，即可完成文件传输。

将文件传输到树莓派主板后，在 PC 端通过 VNC Viewer 连接智能车。单击界面中的树莓派图标，在下拉菜单中选择"编程"→Spyder，如图 1.17 所示。

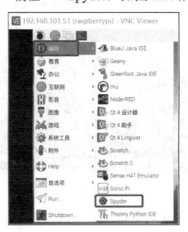

图 1.17　选择 Spyder

打开 Spyder 之后，单击 File explorer，找到文件列表，如图 1.18 所示。

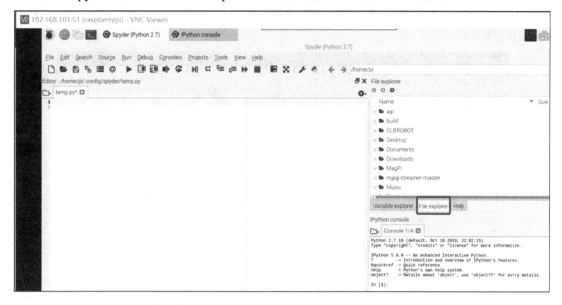

图 1.18 Spyder 界面图

从文件列表中找到要运行的.py 文件，双击文件名，即可打开文件并将其显示在左侧页面上。单击菜单栏中的三角箭头按钮，即可运行文件，Spyder 界面的文件运行方式如图 1.19 所示。

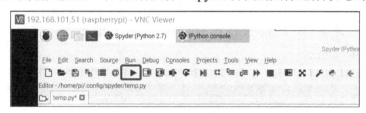

图 1.19 Spyder 界面的文件运行方式

除了通过 FileZilla 工具传输文件到树莓派系统中运行，还可以直接在树莓派系统中创建文件并运行。打开 Spyder，在 Spyder 界面中单击菜单栏中的 File，可以新建.py 文件并编辑保存。这种方式不使用 FileZilla 工具来传输文件，新建.py 文件后可以直接单击它运行。

二、功能示范

下面我们将演示如何使用 FileZilla 工具传输文件，在本地 PC 端编写 hello.py 模块内容，如图 1.20 所示。

图 1.20 hello.py 模块内容

将本地站点的 hello.py 文件传输到树莓派主板/home/pi/Desktop 文件夹下，单击左侧本地站点的 hello.py 文件，将其拖动到右侧/home/pi/Desktop 文件夹名称的位置或下方空白处，如图 1.21 所示。

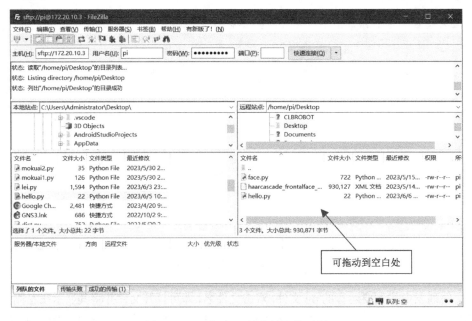

图 1.21　FileZilla 工具传输文件示例

打开 Spyder，通过 File explorer 找到 hello.py，单击 hello.py 运行文件，hello.py 树莓派端运行结果如图 1.22 所示。

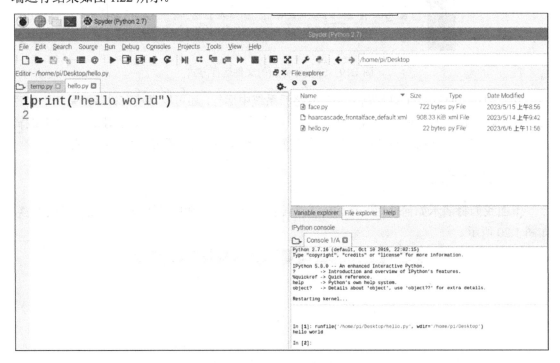

图 1.22　hello.py 树莓派端运行结果

三、任务实践

根据功能示范内容，完成以下任务。

（1）在本地 PC 端编写模块代码，输出内容不限。

（2）在本地 PC 端完成 VNC 和 FileZilla 环境安装。

（3）使用 FileZilla 工具将文件从 PC 端传输到树莓派系统中。

（4）通过 VNC 登录树莓派系统，找到文件并运行文件，输出运行结果。

项目 2　Python 编程

导入学习情境

Python 是一种面向对象的解释型高级编程语言，它的设计理念是简单、明确、自由。Python 本身并不包含所有功能，但 Python 设计是可扩展的，且拥有强大的库。这种流行语言的学习相对简单，比较适合复杂的多项目开发任务，在本项目中，我们将使用 Python 语言完成各种有趣的任务。

知识目标

- 掌握 Python 编程语法和数据结构。
- 掌握变量、函数及流程控制语句的使用方法。
- 掌握模块引入、类的创建及使用方法。

技能目标

- 能够使用 Python 编程输出 hello world。
- 能够进行函数调用。
- 能够熟练使用变量、数据结构及流程分支语句进行功能开发。

素质目标

- 通过 Python 编程的语法规则，引导学生遵守纪律，做一个遵纪守法的人。
- 通过对异常处理语句的学习，引导学生考虑问题要全面，要有一定的容错能力。
- 通过编写函数，引导学生学会代码管理。

任务 1：输出 hello world

任务描述

- 任务要求：使用 Python 语言编写代码，完成 hello world 的打印输出。
- 任务效果：
（1）在 Python Shell 中直接编辑并输出打印结果。
（2）以编写 test.py 模块文件的方式输出打印结果。

一、Python 简介

Python 是一种面向对象的解释型高级编程语言，它的设计理念是简单、明确、自由。Python 本身并不包含所有功能，但 Python 设计是可扩展的，它可以用库引用的方式直接使用其他语言编写的模块功能。可以说 Python 拥有强大的库，这就是 Python 设计者的设计初衷，即其他语言可以实现的功能，Python 同样能实现。正是因为 Python 语言简单易懂，所以近年来其流行程度非常高。

要使用 Python 进行编程，首先需要安装 Python。打开浏览器进入 Python 官网，找到 Download 菜单栏，根据计算机配置下载对应版本的 Python 安装包，根据安装向导安装好 Python 应用程序。

Python 安装包中有自带的 IDLE，安装 Python 的时候会自动安装。如果不使用自带的 IDLE，也可以自行下载其他界面工具，如常用的 PyCharm 工具。本书中直接使用 Python 自带的 IDLE 工具做功能演示。

以 Windows 64 位系统为例，单击 Windows 系统左下角的"开始"图标，在搜索框中输入 python，弹出 Python 程序的开始界面，如图 2.1 所示。

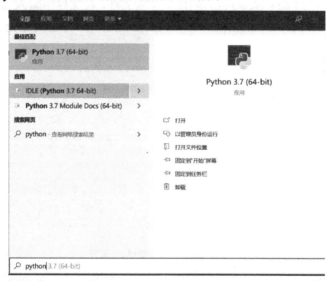

图 2.1　Python 程序的开始界面

在图 2.1 中选择应用 IDLE(Python 3.7 64-bit)，单击进入 Python 3.7.7 Shell 界面，如图 2.2 所示。在 Shell 界面中可以运行指令，也可以显示运行结果。

图 2.2　Python 3.7.7 Shell 界面

二、功能示范

下面我们将演示如何用 Python 语言编写代码，输出 hello world。这里演示两种方法，一种为在 Shell 界面中直接运行指令，另一种为以编写模块文件的形式输出 hello world。

在 Shell 界面中的"＞＞＞"处输入 print("hello world")，按回车键，如图 2.3 所示。

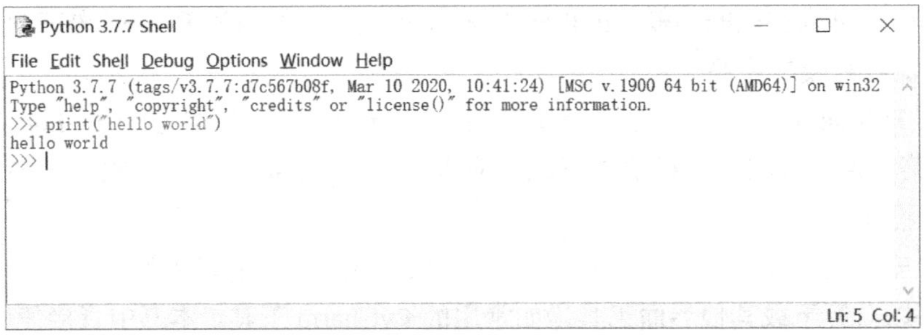

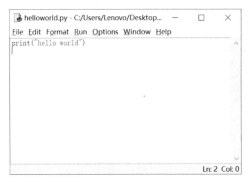

图 2.3　在 Shell 界面中输出 hello world

除了在 Shell 界面中直接输出语句，还可以以创建文件的方式输出 hello world。在 Shell 界面中单击菜单栏中的 File→New File，创建一个新文件，在文件中输入 print("hello world")。单击菜单栏中的 File→Save 保存文件，命名为 helloworld，即可生成 helloworld.py 文件，如图 2.4 所示。

图 2.4　创建 helloworld.py 文件

运行 helloworld.py 文件需要单击 helloworld.py 文件菜单栏中的 Run→Run Module，也可以按快捷键 F5。运行 helloworld.py 文件的结果如图 2.5 所示。

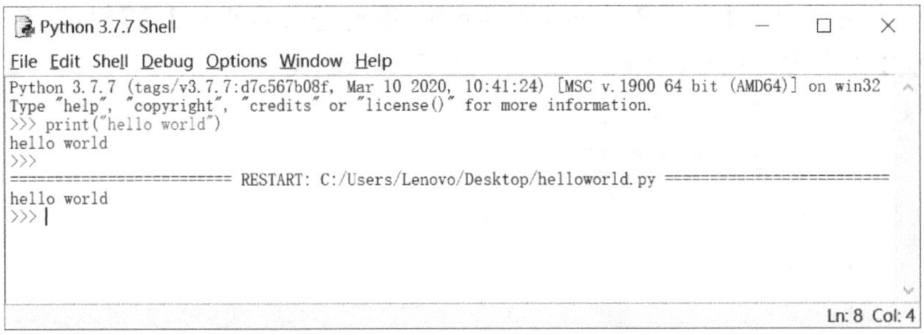

图 2.5　运行 helloworld.py 文件的结果

从上述两种方式中可以看出，运行结果是一致的。一般情况下，当我们需要编写多行语句时，以第二种创建文件的方式执行更加方便。

三、任务实践

（1）安装 Python 环境。

（2）编写代码，实现 Shell 界面中 hello world 的打印输出。

（3）创建 test.py 文件，内容为打印输出 hello world，运行文件，输出 hello world。

任务 2：BMI 计算

任务描述

- 任务要求：使用 Python 语言编写代码，完成函数的创建及调用。
- 任务效果：

（1）编写 BMI 计算函数，打印 BMI 计算值。

（2）编写 BMI 计算函数，将 BMI 计算值作为函数返回值，调用函数后打印返回值数据。

一、函数使用

当我们要实现一个简单的功能时，通常会创建一个函数，通过调用函数的方式来实现。不建议功能过于复杂，针对一个功能可以创建一个函数。下面讲解 3 种函数的使用方法。

（1）函数的创建及调用。

在 Python 中创建函数，用关键字 def 实现，具体格式如下：

```
def 函数名(函数参数):
        函数体
```

可以有函数参数，也可以没有，可以是一个，也可以是多个。下面以输出 hello world 为例，创建一个函数实现这个功能：

```
def helloworld():
        print("hello world")
```

以上代码实现的是输出 hello world 的功能，函数名是 helloworld，没有函数参数。

需要注意的是，函数创建只是定义这个函数，并不代表这个函数被执行了。运行以上代码不会有任何输出。执行函数需要调用函数，调用函数 helloworld() 的参考代码如下：

```
def helloworld():
        print("hello world")
helloworld()
```

在上述代码中，最后一行 helloworld() 的作用就是调用函数，并执行该函数。上述代码的运行结果就是打印输出 hello world。

（2）函数入参的使用。

编写 rucan.py 模块，模块内容如下：

```
def helloworld(i):
```

```
    print(i)
helloworld("hello world")
```

可以看到，在 rucan.py 模块中定义了一个函数 helloworld(i)，该函数有一个入参 i，函数功能为 print(i)，打印 i 表示的内容。

模块最后一行 helloworld("hello world")为调用函数。其中，调用函数时给 i 变量赋值了一个实际的字符串内容"hello world"，即 i = "hello world"。

运行 rucan.py 模块代码，运行结果如图 2.6 所示。

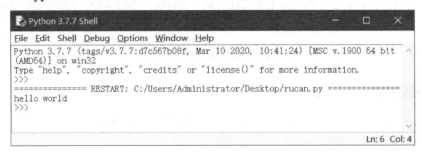

图 2.6　运行结果

（3）函数的返回值。

以上描述的函数都是无返回值的函数，有些函数的函数体中会进行变量处理，当需要获取处理结果时，可以考虑添加函数返回值。如果函数中需要返回变量值，可以使用 return 来返回，在 return 后空一格直接带变量名称即可。调用函数后可以设置变量来存放函数的返回值。参考代码如下：

```
def helloworld(i):
    print(i)
    return i+1
j = helloworld(10)
print(j)
```

运行以上代码，带返回值函数的运行结果如图 2.7 所示。

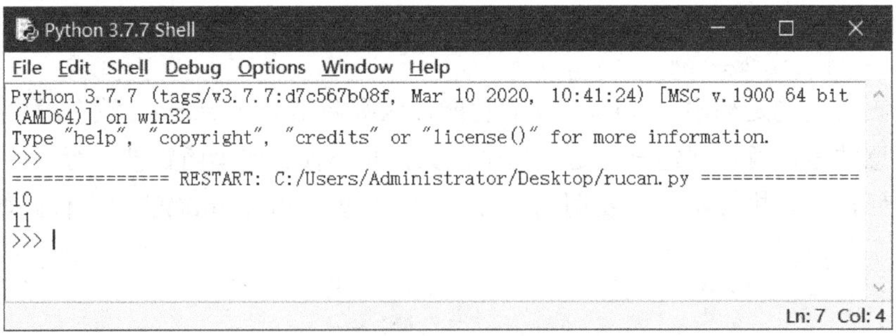

图 2.7　带返回值函数的运行结果

二、功能示范

下面我们将编写 fun_bmi(person,height,weight)函数，这个函数有 3 个入参，即姓名、身高和体重。通过公式计算 BMI 指数，参考代码如下：

```
def fun_bmi(person,height,weight):
    print(person + "的身高" + str(height) + "米")
    print(person + "的体重" + str(weight) + "千克")
    bmi = weight/(height*height)
    print(person + "的 BMI 指数为" + str(bmi))
fun_bmi("小明",1.83,60)
```

运行以上代码，fun_bmi 函数的运行结果如图 2.8 所示。

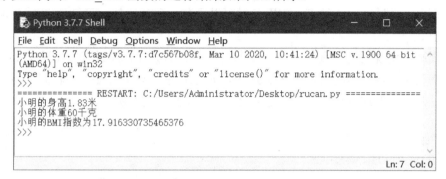

图 2.8　fun_bmi 函数的运行结果

三、任务实践

根据以上讲解内容，完成实践操作。实践内容如下。

（1）编写函数计算 BMI 指数，并打印 BMI 计算数据。根据自身情况设置参数，调用函数。

（2）编写函数计算 BMI 指数，根据自身情况设置参数，调用函数，将 BMI 指数作为函数返回值，打印函数执行后的返回值。

任务 3：计算圆的周长和面积

☁ 任务描述

- 任务要求：使用 Python 语言编写代码，计算不同半径的圆的周长和面积。
- 任务效果：

（1）分别用 if、while 语句判断圆的面积是否大于 10，周长是否大于 20。

（2）用 for 语句遍历计算不同半径的圆的周长。

一、流程控制语句

在 Python 编程语言中，常用的流程控制语句有 if、for、while。下面分别介绍这几种语句的使用方法。

（1）if 语句。

if 语句的含义和其他语言表达的含义是一样的，即如果满足条件表达式，就执行包含的语句。if 语句的格式如下：

```
if 表达式1:
```

```
        语句 1
elif 表达式 2:
        语句 2
…
else:
        语句 n
```

在上述格式中，if 和表达式 1 之间有一个空格，表达式 1 后面需要有 ":"，elif 可以有多个，格式不变，最后以 else:结束。使用 if 时可以只有一个 if 语句，不包含 elif，这取决于实际应用情况。

这里需要特别说明的一点是，语句 1 可以是一条语句，也可以是多条语句，如果是多条语句，不需要用大括号括起来。在 Python 中，通过缩进来识别代码块，缩进通常用 Tab 键。举个例子，对于下面这段代码，运行之后会打印显示哪些内容呢？

```
i = 3
if i < 5:
        print("hello world")
        print("hi ")
else:
        print("no data")
```

（2）for 循环语句。

for 循环是在已知循环次数的情况下，进行遍历序列的循环。for 循环语句中包含循环变量和遍历序列，具体格式如下：

```
for 循环变量 in 遍历序列:
    循环体
```

在上述格式中，循环变量遍历取值，执行循环体内容。遍历序列可以有多种形式，如字符串、列表等，示例如下：

```
for j in range(5):
    print(j)
```

for 循环语句的运行结果如图 2.9 所示。

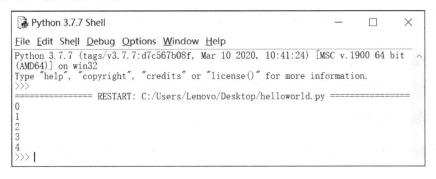

图 2.9　for 循环语句的运行结果

（3）while 循环语句。

while 循环是一种不计次数的循环，只要满足条件就一直循环，while 循环语句的格式如下：

```
while 条件表达式：
    循环体
```

如果要求在 while 循环体中满足条件就退出 while 循环，那么可以在满足条件之后，添加一句 break，即可跳出 while 循环。

二、功能示范

学习了流程控制语句的使用方法后，下面我们结合任务 2 中的 BMI 计算来演示一下 if 语句的具体效果。若 BMI 指数小于 18.5，则打印"您的体重过轻"；若 BMI 指数大于或等于 18.5 并且小于 24.9，则打印"您的体重正常"；若 BMI 指数大于或等于 24.9 且小于 29.9，则打印"您的体重过重"；若 BMI 指数大于或等于 29.9，则打印"BMI 过大"。参考代码如下：

```python
def fun_bmi(person,height,weight):
    print(person + "的身高" + str(height) + "米")
    print(person + "的体重" + str(weight) + "千克")
    bmi = weight/(height*height)
    print(person + "的BMI指数为" + str(bmi))
    if bmi < 18.5:
        print("您的体重过轻")
    elif bmi >= 18.5 and bmi < 24.9:
        print("您的体重正常")
    elif bmi >= 24.9 and bmi < 29.9:
        print("您的体重过重")
    else:
        print("BMI 过大")
```

调用以上函数，分别计算小红（身高：1.6 米，体重：60 千克）、小明（身高：1.83 米，体重：60 千克）、小强（身高：1.8 米，体重：90 千克）的 BMI 指数。if 分支运行结果如图 2.10 所示。

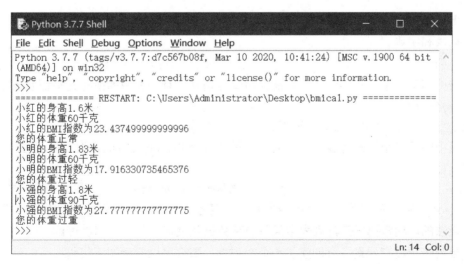

图 2.10　if 分支运行结果

三、任务实践

采用流程控制语句完成以下功能。

（1）创建模块 area.py。

（2）在 area.py 模块中编写函数 mianji(r)，入参 r 表示半径，函数功能为计算圆的面积，并返回面积值。

（3）在 area.py 模块中编写函数 zhouchang(r)，入参 r 表示半径，函数功能为计算圆的周长，并返回周长值。

（4）调用 mianji(r)函数，计算半径为 2 的圆的面积，根据 mianji(r)函数的返回值，采用 if 语句判断，如果面积大于 10，就打印"面积大于 10"；如果面积小于 10，就打印"面积小于 10"。

（5）采用 for 循环语句，遍历计算半径分别为 1、2、3 的圆的周长，并打印周长值。

（6）计算半径为 5 的圆的周长，并采用 while 循环语句判断计算的周长值是否大于 20，如果大于 20，就打印"周长大于 20"，并退出 while 循环。

任务 4：统计姓名和学号

☁ 任务描述

• 任务要求：使用 Python 语言编写代码，统计学生的姓名、学号、性别及班级信息。

• 任务效果：

（1）分别用列表存放姓名、学号、性别及班级信息。

（2）将列表存放的数据转换成字典格式，查询对应学生的姓名及其他相关信息。

一、数据结构

Python 编程语言的数据结构样式丰富，有列表、元组、字典、集合等，这里介绍其中的两种，列表和字典。

（1）列表。

列表中包含元素，相邻元素之间需要用逗号隔开，且列表中的所有元素都要放在"[]"中。列表格式如下：

```
列表名称 = [元素 1,元素 2,…,元素 n]
```

列表中的元素个数没有限制，元素类型只要符合 Python 支持的数据类型就可以。

示例如下：

```
liebiao1 = [8,'python',"我用 Python",["物联网","云计算","大数据"]]
```

liebiao1 是列表的名称，这个列表中有 4 个元素，每个元素的数据类型不同，但它们的定义是合法的。通常情况下，列表中只放一种数据类型，以使程序简易可读。

如果列表中没有元素，只创建了一个空列表，那么可以参考如下代码：

```
emptylist = []
```

创建好列表之后，我们可以使用 for 循环来遍历列表，参考代码如下：

```
liebiao1 = [8,'python',"我用 Python",["物联网","云计算","大数据"]]
for j in liebiao1:
        print(j)
```

打印输出 Python 遍历列表，如图 2.11 所示。

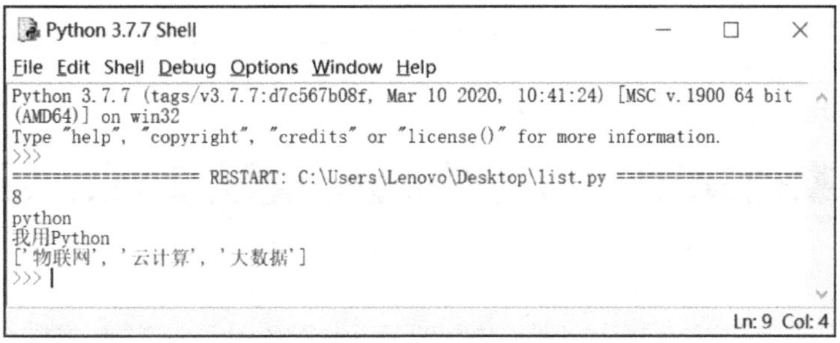

图 2.11　打印输出 Python 遍历列表

（2）字典。

字典和列表相似，也是一种可变序列数据结构，但字典是一种无序序列，保存内容以"键值对"（key-value）的形式存在。

定义字典时，将所有元素放在{}中，每个元素都包含"键"和"值"两部分内容，相邻元素之间用","分隔，语法格式如下：

```
dictname = {'key':'value1', 'key2':'value2', ..., 'keyn':'valuen'}
```

其中，dictname 表示字典变量名，'keyn':'valuen'表示各个元素的键值对。需要注意的是，同一字典中的各个键必须唯一，不能重复，键是不可变的，字符串、元组和整数都可以作为键。创建 3 个不同的字典，参考代码如下：

```
#使用字符串作为 key
dict1 = {'数学': 90,'科学': 95,'语文': 85}
print(dict1)
#使用元组和数字作为 key
dict2 = {(10, 30):'good',10: [4,5,6]}
print(dict2)
#创建空字典
dict3= {}
print(dict3)
```

运行以上代码，字典运行效果如图 2.12 所示。

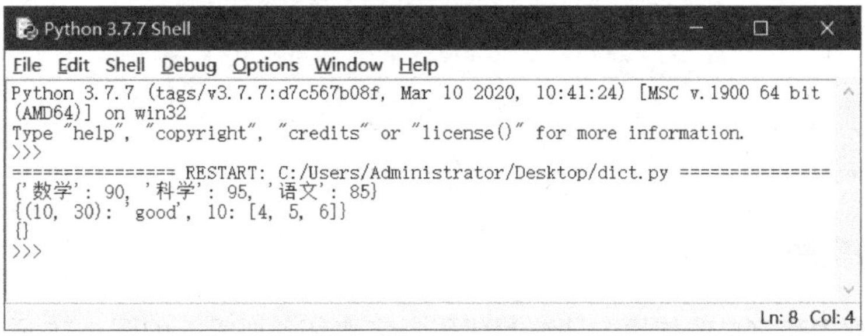

图 2.12　字典运行效果

列表和元组是通过下标来访问元素的，而字典不同，它通过键来访问对应的值。因为字典中的元素是无序的，每个元素的位置都不固定，所以字典不能通过下标来访问元素。举个例子，创建的字典 dict1 中包含 3 个键，数学、科学和语文，打印'科学'键对应的值，参考代码如下：

```
dict1 = {'数学': 90, '科学': 95, '语文': 85}
print(dict1['科学'])
```

运行以上代码，字典元素访问效果如图 2.13 所示。

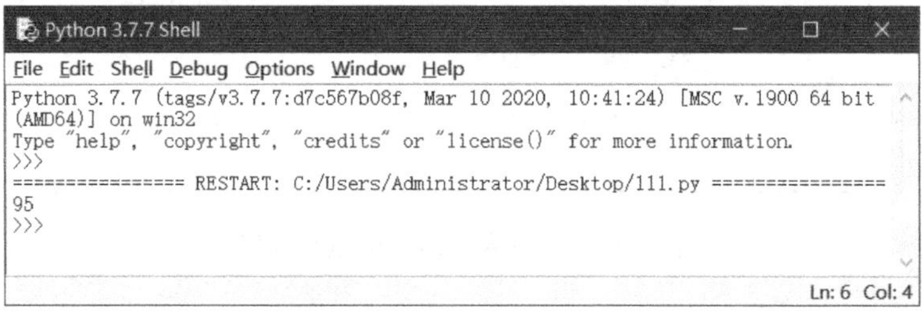

图 2.13　字典元素访问效果

二、功能示范

结合字典和列表的用法，我们将创建两个列表，一个列表用来记录姓名，另一个列表用来记录学号，再将姓名和学号对应生成字典格式，并打印字典内容。假设班里新转入一个学生，为其分配一个对应的学号，将新学生添加到字典当中，并打印完整字典内容，参考代码如下：

```
xingming = ["张三","李四"]
xuehao = ["198101","198102"]
zidian = {j:k for j,k in zip(xingming,xuehao)}
print(zidian)
zidian["小明"]="198103"
print(zidian)
```

运行以上代码，添加字典元素效果如图 2.14 所示。

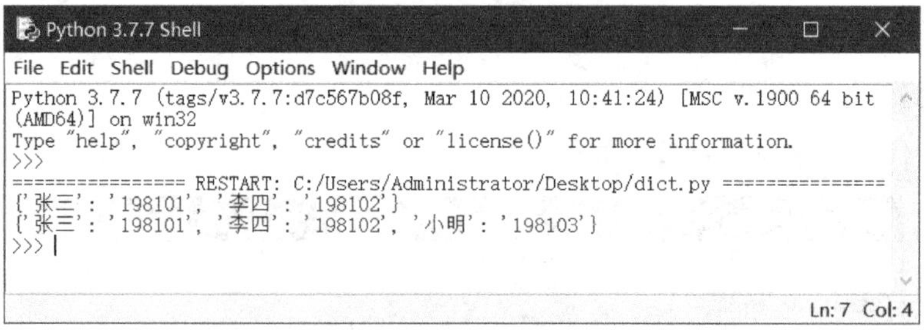

图 2.14　添加字典元素效果

三、任务实践

（1）根据列表和字典的使用方法编写代码，字典任务要求 1 如图 2.15 所示。

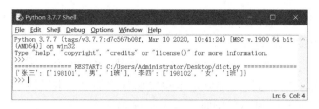

图 2.15　字典任务要求 1

（2）结合上述代码，继续打印张三的个人信息，字典任务要求 2 如图 2.16 所示。

图 2.16　字典任务要求 2

任务 5：模块引入

☁ 任务描述

- 任务要求：使用 Python 语言编写代码，引入模块并使用模块中的函数。
- 任务效果：
（1）引入自己编写的模块，并使用其中的函数。
（2）引入第三方库，调用库中的函数。

一、模块的概念

Python 是一种流行的编程语言，它的功能非常丰富，主要是因为 Python 具有强大的库和框架支持，Python 可以引入各种模块来实现不同的功能。这里我们将介绍模块引入方法及模块中的函数调用方式。

在 Python 中，文件的扩展名为.py，一个.py 文件就是一个模块。在模块中可以编写各种功能的函数，下面我们将编写两个模块。

单击 Python Shell 界面菜单栏左上角的 File→new file，保存模块名称为 mokuai1.py。mokuai1.py 模块内容如图 2.17 所示。

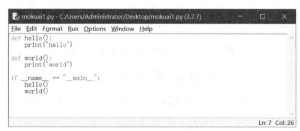

图 2.17　mokuai1.py 模块内容

在 mokuai1.py 中可以看到，这里定义了两个函数，分别为 hello()和 world()。这两个函数的功能为打印各自函数的名称。

if __name__ == "__main__":是 Python 模块的程序运行入口。需要注意的是，包含在 if __name__ == "__main__":中的代码部分是本模块私有的部分，本模块运行时这部分代码是会运行的，而当本模块被其他模块调用时，这部分代码是不会运行的。

运行 mokuai1.py 模块代码，mokuai1.py 的运行结果如图 2.18 所示。

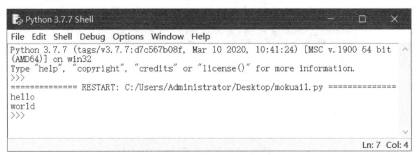

图 2.18　mokuai1.py 的运行结果

下面我们再创建一个模块，并将其命名为 mokuai2.py。在 mokuai2.py 中引入 mokuai1.py，并调用 mokuai1.py 中的 hello()函数。

引入模块采用关键字 import，在其后添加需要引入的模块名，不需要带.py 的后缀，如引入 mokuai1.py，代码如下：

```
import mokuai1
```

引入模块表示可以使用模块中的内容，但不包含模块本身的私有内容。以上代码的运行结果将为空。

mokuai1.py 中的函数需要调用才可以执行，调用格式为模块名.函数名。例如，在 mokuai2.py 中调用 mokuai1.py 中的 hello()函数，代码如下：

```
mokuai1.hello()
```

保存并运行 mokuai2.py，mokuai2.py 的运行结果如图 2.19 所示。

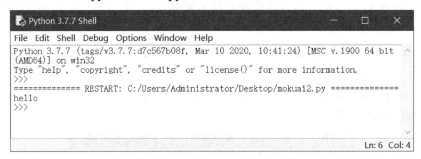

图 2.19　mokuai2.py 的运行结果

从运行结果中可以看出，mokuai1.py 被 mokuai2.py 引入之后，mokuai1.py 中的 if __name__ == "__main__":包含的代码部分是没有运行的，如果 mokuai1.py 中没有 if __name__ == "__main__":，同时 mokuai1.py 中调用了函数 hello()，那么当 mokuai1.py 再次被 mokuai2.py 引入时，会是怎样的运行效果呢？读者可以自己改写一下代码，观察效果。

二、功能示范

了解了模块的基本概念和引入规则后，下面来示范如何引入第三方库的模块，并调用模块中的函数。以 time 模块为例，引入 time 库，调用 time 库中的 sleep(delaytime)函数，函数功能为延迟 delaytime，入参单位为 s。参考代码如下：

```python
import time
for i in range(5):
    print("hello world")
    time.sleep(5)
```

以上代码完成的功能为循环 5 次打印 hello world，每次打印后都延迟 5s 不做任何操作，直到 5s 时间结束为止。for 循环运行结果如图 2.20 所示。

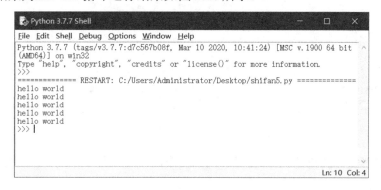

图 2.20　for 循环运行结果

三、任务实践

根据以下步骤完成练习。

（1）创建文件 mokuai.py。

（2）在 mokuai.py 中引入 math 库。

（3）在 mokuai.py 中定义计算圆的周长函数，入参为圆的半径，周长计算公式中的 π 采用 math.pi 来表示。

（4）打印计算得到的周长。

（5）调用函数，计算半径为 1 的圆的周长。

任务 6：变量未定义异常处理

☁ 任务描述

- 任务要求：使用 Python 语言编写代码，理解局部变量和全局变量的作用域，并学会使用异常处理语句。
- 任务效果：

（1）打印全局变量的值，采用局部变量全局化的方法修改全局变量的值并完成显示。

（2）变量未定义错误时，采用异常处理语句提示错误，程序继续运行，直至正常退出。

一、变量作用域及异常处理

在编写程序的过程中，经常会使用到变量，在 Python 语言中，变量可以直接使用，不需要特别定义或申明，也不需要指定变量类型。在第一次给变量赋值时就表示已经定义变量了。根据变量的作用范围，一般可以将变量划分为两种：全局变量和局部变量。

局部变量是一种作用在函数体内的变量，只能在函数体内使用。全局变量是在函数体内和函数体外都能使用的变量，全局变量的定义是需要放在函数体外的。全局变量和局部变量在存储区中的存放位置是不同的，因此全局变量和局部变量可以重名。

下面给出一段代码，请判断代码运行后的输出结果是什么。

```
value = 3
def b1():
    print(value)
def b2():
    value=2
    print(value)
b1()
b2()
print(value)
```

根据以上代码，我们发现全局变量和局部变量的作用域是不同的，它们在各自的领域中运行，互不干涉。

有的时候变量的第一次赋值定义在函数体内，但是当其他代码需要再次使用该变量时，可以将函数体内的变量全局化，从而保证在不同的函数中也可以正常使用该变量。函数体内变量的全局化可以加一个 global 关键词定义，格式如下：

```
def b3():
    global i
    i = 10
```

以上代码在函数 b3 中定义了一个全局变量 i，则 i 既可以在本函数中使用，也可以被其他函数使用，或者在函数体外使用。参考代码如下：

```
def b3():
    global i
    i = 10
def b4():
    print(i)
b3()
b4()
print(i)
```

以上代码对于变量 i 的使用都是合理的，运行也是正常的，以上代码可以完成变量 i 的两次打印。

下面我们来看一段代码，请判断代码的运行结果是什么。

```
value = 3
```

```
def b1():
    print(value)
def b2():
    global value
    value=2
    print(value)
b1()
b2()
print(value)
```

局部变量和全局变量的作用范围是不同的，在编码过程中使用变量时需要根据具体情况来设定。如果设定不当，可能会报变量未定义或变量不存在等错误提示。对于以下代码，变量 j 是一个全局变量，在函数 b5 和 b6 中都使用了变量 j。

```
def b5():
    global j
    j = 10
def b6():
    print(j)
print(j)
```

运行以上代码，最后一句 print(j)报错。变量未定义报错如图 2.21 所示。

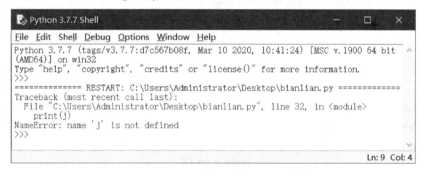

图 2.21　变量未定义报错

以上错误：没有定义变量 j，我们在函数 b5 中定义了全局变量 j，为什么还会报错没有定义变量 j 呢？这是因为没有调用函数 b5，global j 这一条语句没有执行，所以报错没有定义变量 j。

在程序运行过程中经常报出各种类型的错误，如果程序运行出错了，但是不想退出整个程序，而是打印错误地点或类型，使主程序继续运行，那么可以采用异常处理语句来编写代码。

在 Python 中，异常处理可以采用 try...except 语句，具体格式如下：

```
try:
    语句 1
except:
    语句 2
```

try...except 语句表示在程序正常运行时，执行语句 1 的内容，若 try 包含的内容出现了错误，则执行 except 包含的语句 2 的内容。若没有给出特定异常码，则所有异常情况都执行语句 2 的内容。如果要处理多个异常码，也可以增加 except 语句，格式不变。如果需要处理特定异常，可以在 except 后面增加特定的异常码，如键盘中断的异常码为 KeyboardInterrupt。

二、功能示范

下面我们演示一个键盘中断的情况，在 except 后面添加异常码的格式如下：

```
try:
    语句1
except 异常码:
    语句2
```

定义两个函数，函数 1 为 shifanyanshi1()，功能为定义全局变量 j，给 j 赋值 10。函数 2 为 dayinhanshu()，其功能为打印 print(j)，如果运行出错，程序仍可正常运行，但是会打印"try error"作为提示。函数运行分为以下两部分。

（1）调用 dayinhanshu()。

（2）调用 shifanyanshi1()，再调用 dayinhanshu()。

完整代码如下：

```
def shifanyanshi1():
    global j
    j = 10
def dayinhanshu():
    try:
        print(j)
    except:
        print("try error")
dayinhanshu ()
shifanyanshi1 ()
dayinhanshu ()
```

运行以上代码，异常处理运行结果如图 2.22 所示。

```
Python 3.7.7 Shell                                            —    □    ×
File  Edit  Shell  Debug  Options  Window  Help
Python 3.7.7 (tags/v3.7.7:d7c567b08f, Mar 10 2020, 10:41:24) [MSC v.1900 64 bit
(AMD64)] on win32
Type "help", "copyright", "credits" or "license()" for more information.
>>>
============== RESTART: C:\Users\Administrator\Desktop\bianlian.py ==============
try error
10
>>>
                                                              Ln: 7  Col: 4
```

图 2.22　异常处理运行结果

三、任务实践

根据异常处理及变量的作用域的相关知识点，完成以下功能开发。

（1）定义 loop()函数，函数功能为循环打印"hello world"，若遇到键盘中断，则退出循环，并打印输出"keyboardinterrupt happens"。调用 loop 函数运行，查看运行结果。

（2）定义全局变量 k，赋值为字符串类型 quanjubianliang，编写函数 1，在函数 1 中对该全局变量 k 进行重新赋值（new value），打印变量 k。编写函数 2，在函数 2 中定义局部变量 k，k＝jububianliang，打印变量 k。调用函数 a1()和函数 a2()，并打印变量 k，查看运行结果。

任务 7：类的创建及使用

任务描述

- 任务要求：使用 Python 语言编写代码，学会创建类、创建类的成员、访问类属性和方法。
- 任务效果：

创建一个类，包含__init__()方法及两个类函数，实现个人蔬菜品种爱好的显示、修改操作。

一、类

Python 也是一种面向对象的编程语言，对对象的属性和方法进行封装使用称为类，一个类表示的是具有相同属性和方法的集合。在使用类时，需要先定义类，再创建类的实例来访问类的属性和方法。基于类的概念，我们将从以下 4 个方面介绍类。

（1）创建类。

定义类采用关键字 class 实现，定义格式如下：

```
class 类名：
    "类的注释信息"
    类函数体    #具体内容，包含属性、方法等
```

举个例子，创建一个类，类名为 fruit，类函数体为打印字符串"这是水果类"，实例化类 fruit，取名为 shuiguo。参考代码如下：

```
class fruit:
    "水果类"
    print("这是水果类")
shuiguo=fruit()
```

在 Python 中运行以上代码，创建类的运行结果如图 2.23 所示。

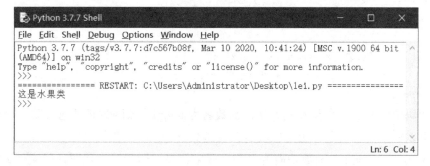

图 2.23　创建类的运行结果

（2）创建__init__()方法。

创建类时通常会创建一个__init__()函数，该函数的第一个入参固定为 self，其后可以增加其他入参。每次创建该类的实例时，都会执行一遍__init__()函数，而不需要单独调用。这就避免了某些代码重复，从而简化代码。

举个例子，创建一个 fruit 类，定义__init__()函数，函数内容为打印字符串"init starts"。在类函数体外再打印字符串"-----run finished-----"，最后实例化类运行。参考代码如下：

```
class fruit:
    def __init__(self):
        print("init starts")
    print("-----run finished-----")
shuiguo=fruit()
```

运行以上代码，_init_()函数的运行结果如图 2.24 所示。

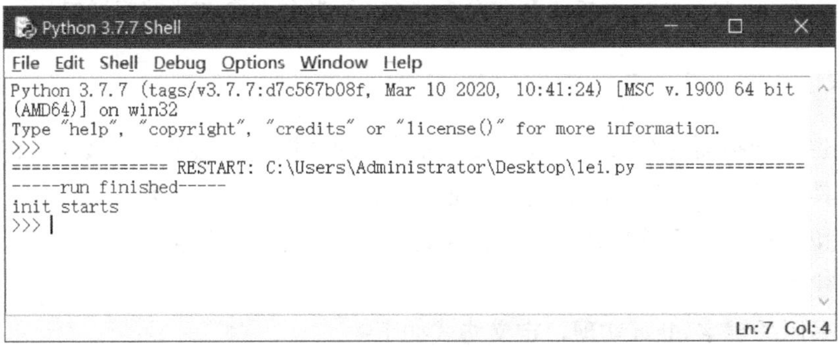

图 2.24   _init_()函数的运行结果

从运行结果打印"init starts"可以看出，实例化 fruit 类后，没有调用__init__(self)函数，但是实际上是执行过__init__(self)函数的。不仅执行了__init__(self)函数，还执行了类函数体外的打印语句。

（3）创建其他方法。

在类中，变量称为类属性，函数称为类实例方法。除了__init__(self)方法，还可以创建其他函数。和__init__(self)方法不同的是，其他函数要通过实例化访问后才可以执行，不会自动执行。

```
class fruit:
    def __init__(self):
        print("init starts")
    def tongji(self,xingming,zhonglei):
        print(str(xingming)+"最爱吃的是"+str(zhonglei))
shuiguo=fruit()
```

以上代码中定义了一个类实例方法，函数名为 tongji，该函数必须包含第一个入参 self，其他入参可以根据需要设定，也可以没有。在函数 tongji 中，我们设定了三个入参，分别是 self、xingming、zhonglei，函数功能为打印一段字符串。运行以上代码，类实例方法未运行结果如图 2.25 所示。

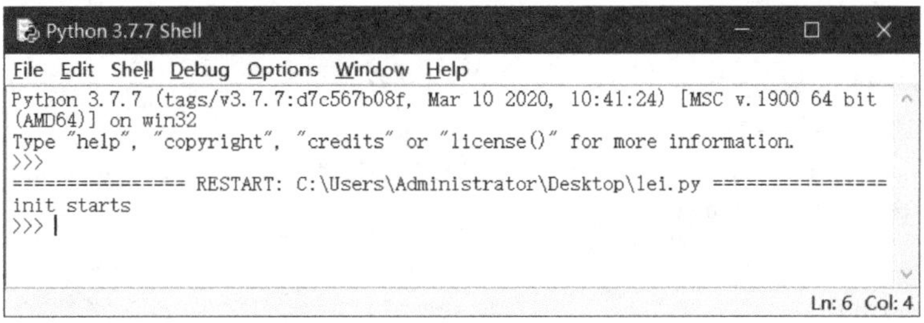

图 2.25　类实例方法未运行结果

从上图中可以看出，运行结果中并没有包含 tongji 函数中的任何内容。使用 tongji 函数需要实例调用该函数，修改上述代码，增加最后一行调用函数的代码：

```
class fruit:
def __init__(self):
    print("init starts")
def tongji(self,xingming,zhonglei):
    print(str(xingming)+"最爱吃的是"+str(zhonglei))
shuiguo=fruit()
shuiguo.tongji("小红","苹果")
```

运行以上代码，类实例方法运行结果如图 2.26 所示。

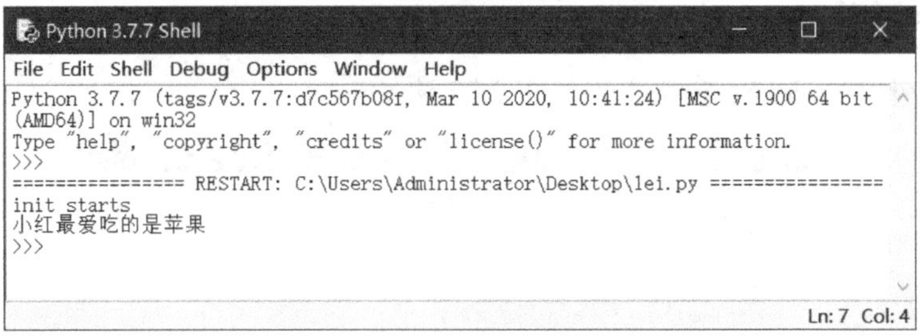

图 2.26　类实例方法运行结果

（4）属性。

Python 中的属性可细分为三种：类属性、方法属性和方法转换属性。类属性表示的是定义在类中且在类函数体外的变量，方法属性表示的是定义在类函数中的变量，方法转换属性表示的是将类函数的属性转换为私有属性的情况。在 Python 语言中，默认创建的类属性和实例方法都是可以在类函数体外进行修改的，要使其不能在类函数体外修改，可以将其设置为私有属性，变成只读。设置私有属性的方法：@property 关键词，可以转换为私有属性。上述三种属性的使用方法详见以下代码：

```
class fruit:
    aa = "统计个人水果爱好"          #类属性
    def __init__(self,xingming,zhonglei):
        print("init starts")
        self.xingming = xingming      #方法属性
        self.zhonglei = zhonglei      #方法属性
```

```
        print(fruit.aa)
        @property                          #方法转换属性
        def tongji(self):
            return (str(self.xingming)+"最爱吃的是"+str(self.zhonglei))
shuiguo=fruit("小红","苹果")
print(shuiguo.xingming)
print(shuiguo.aa)
print(shuiguo.tongji)
```

变量 aa 是一种类属性，要在类中访问变量 aa，直接使用 aa 名称即可；若在类函数中访问变量 aa，则需要通过类名.aa 的格式访问，也就是以在函数 __init__()中我们看到的 fruit.aa 的格式来访问。若在类函数体外访问该变量，则需要通过实例名称.aa 的格式来访问，在本段代码中，以 shuiguo.aa 的格式访问。

变量 self.xingming 是一种方法属性，在类中能访问各函数，访问格式均为 self.xingming。若在类函数体外访问该方法属性，则格式为 shuiguo.xingming。

通常，方法转换属性函数有返回值，用关键字 return 实现，在类函数体外访问私有属性的格式为实例名称.方法名，在本段代码中为 shuiguo.tongji，需要注意的是，tongji 不需要带括号。

二、功能示范

编写 lei.py 模块，lei.py 模块内容如图 2.27 所示。

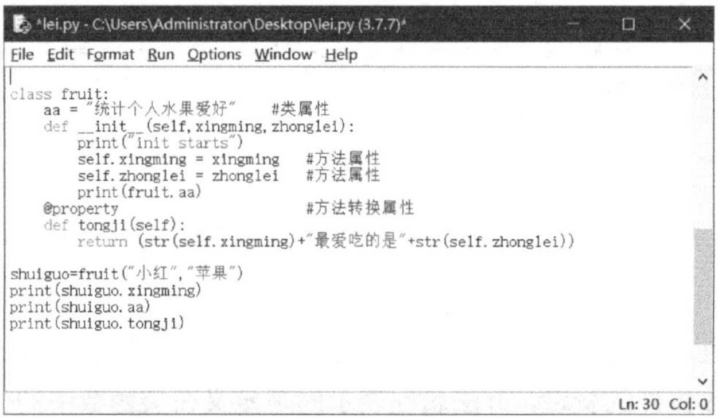

图 2.27　lei.py 模块内容

运行以上代码，lei.py 模块的运行结果如图 2.28 所示。

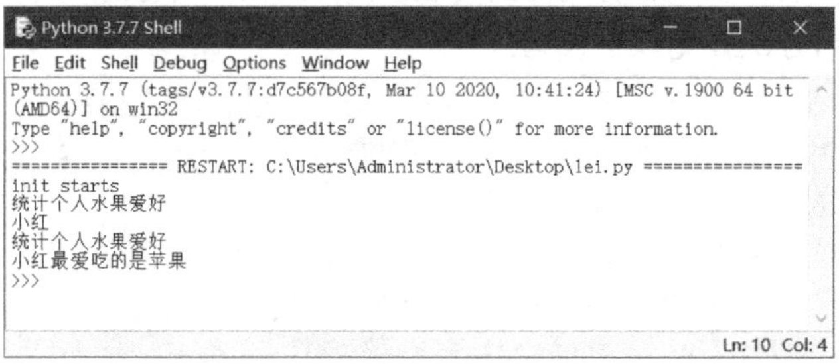

图 2.28　lei.py 模块的运行结果

三、任务实践

编写代码，完成以下功能。

（1）定义一个类，类名为 vegetables。

（2）在 vegetables 类中创建__init__()，需要增加两个参数 xingming 和 zhonglei，功能为打印：蔬菜的品种有很多。将 xingming 和 zhonglei 两个参数分别赋值到新定义的两个方法属性中。

（3）创建方法 1，函数名为 shucai，功能为打印字符串：xingming+最喜欢的蔬菜是+zhonglei。

（4）创建方法 2，函数名为 mytaste，功能为打印字符串：xingming+最喜欢的蔬菜是+zhonglei。将方法 2 转换成私有属性。

（5）实例化类，实例化名称为 veg1，入参为"小强""西兰花"。采用 veg1 访问 shucai。重新赋值方法属性 zhonglei 为"青菜"，再访问一次 shucai。

（6）实例化类，实例化名称为 veg2，入参为"小明""胡萝卜"，采用 veg2 访问 mytaste，重新赋值方法属性 zhonglei 为"洋葱"，再访问一次 shucai。

完成代码编写后运行代码，类任务实现效果如图 2.29 所示。

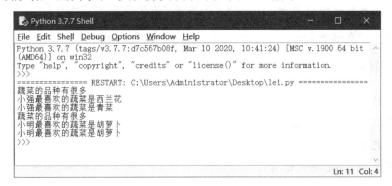

图 2.29　类任务实现效果

项目 3　智能车启动

📚 导入学习情境

　　智能车启动依赖芯片,智能化报警、语音等功能依托软件功能开发,将软硬件结合、完成物联网系统的功能设计是物联网专业人才需要掌握的重要技能。

🎓 知识目标

- 掌握蜂鸣器的工作原理。
- 熟悉开关的使用方法。
- 掌握直流电机的驱动原理。
- 掌握语音合成技术。

🎓 技能目标

- 能够驱动蜂鸣器发出声音。
- 能够使用开关控制板载 LED 灯。
- 驱动直流电机,控制智能车运动。
- 能够使用 pygame 播放语音。

🎓 素质目标

- 通过对比近年来进口国外芯片的价格趋势,激发学生自主研发、为国争光的爱国热情。
- 通过智能语音技术,引导学生感受科技魅力,提升民族自豪感。

任务 1：蜂鸣器报警

☁️ 任务描述

- 任务要求：使用板载自带的蜂鸣器循环播放一首歌曲。
- 任务效果：以《上海滩》简谱为例,播放《上海滩》简谱纯音乐。

一、蜂鸣器工作原理

在介绍所有硬件的原理和使用方法之前,我们先来介绍一下 RPi.GPIO。RPi.GPIO 是一个包含了树莓派 GPIO 引脚控制的库，官方的树莓派系统中默认已经安装了 RPi.GPIO。在 Python 环境中，在使用 RPi.GPIO 之前我们需要先导入 RPi.GPIO 库。在 Python 编程语言中导入 RPi.GPIO 库采用如下方式：import RPi.GPIO as GPIO。

在 RPi.GPIO 中需要对 Raspberry Pi 上的 IO 引脚进行编号。树莓派模式及引脚如表 3.1 所示。

表 3.1　树莓派模式及引脚

WiringPi	BCM	功　能　名	物　理　引　脚		功　能　名	BCM	WiringPi
		3.3V	1	2	5V		
8	2	SDA.1	3	4	5V		
9	3	SCL.1	5	6	GND		
7	4	GPIO.7	7	8	TXD	14	15
		GND	9	10	RXD	15	16
0	17	GPIO.0	11	12	GPIO.1	18	1
2	27	GPIO.2	13	14	GND		
3	22	GPIO.3	15	16	GPIO.4	23	4
		3.3V	17	18	GPIO.5	24	5
12	10	MOSI	19	20	GND		
13	9	MISO	21	22	GPIO.6	25	6
14	11	SCLK	23	24	CE0	8	10
		GND	25	26	CE1	7	11
30	0	SDA.0	27	28	SCL.0	1	31
21	5	GPIO.21	29	30	GND		
22	6	GPIO.22	31	32	GPIO.26	12	26
23	13	GPIO.23	33	34	GND		
24	19	GPIO.24	35	36	GPIO.27	16	27
25	26	GPIO.25	37	38	GPIO.28	20	28
		GND	39	40	GPIO.29	21	29

与 Arduino 板不同的是，在 RPi.GPIO 中，常用的引脚编号方式有两种，第一种是使用 BOARD 编号系统，第二种是使用 BCM 编号系统。BCM 编号系统对树莓派主板硬件的依赖性较强，升级后可能会导致需要修改硬件或软件代码才能适配，BOARD 编号系统的适应性相对较强。

下面对 RPi.GPIO 库中的常用函数进行简单介绍。

（1）GPIO.setmode 函数。

GPIO.setmode(GPIO.BCM/GPIO.BOARD)函数的功能是设置树莓派引脚的编号方式，其参数可以是 BCM 模式或 BOARD 模式。如果采用 C 语言编程，可以采用 wringPi 编号方式。

（2）GPIO.setup 函数。

GPIO.setup(pin, mode)函数的功能是设置树莓派引脚的模式。该函数共有两个参数，第一个参数 pin 代表树莓派引脚，取值范围为 1～40。第二个参数 mode 为要设置的引脚模式，一般有两种：GPIO.IN 模式和 GPIO.OUT 模式。GPIO.IN 模式表示该引脚为输入模式，GPIO.OUT 模式表示该引脚为输出模式。

如果需要对输出模式的引脚设置初始电平，那么 GPIO.setup 函数可以增加一个参数。例如，GPIO.setup(pin, GPIO.OUT, initial = GPIO.HIGH) 或 GPIO.setup(pin, GPIO.OUT, initial = GPIO.LOW)。

如果有多个引脚需要设置为相同的输入模式或输出模式，为了使程序更加简洁，可以采用 Python 编程语言中的列表形式来定义引脚。例如，pin1、pin2、pin3、pin4 都需要设置为输出模式，可以设置为 pinarray = [pin1,pin2,pin3,pin4]，然后调用 GPIO.setup(pinarray, GPIO.OUT)，即可一次性完成多个引脚的模式设置。

（3）GPIO.PWM 函数。

GPIO.PWM(pin,frequency)函数的功能是设置引脚 pin 的驱动 PWM 方波，第二个参数 frequency 表示方波频率。通常 GPIO.PWM 函数需要实例化后才能进行启动或停止操作，如实例化 gpiopwm= GPIO.PWM(pin,frequency)，启动 PWM 采用 gpiopwm.start(dutyration)，参数 dutyration 表示方波占空比，取值范围为 0～100。关闭 PWM 采用 gpiopwm.stop()，无须参数。

（4）GPIO.setwarnings 函数。

GPIO.setwarnings(False)函数的功能是移除告警。

（5）GPIO.input 函数。

GPIO.input(pin)函数的功能是读取引脚 pin 的值。

（6）GPIO.output 函数。

GPIO.output(pin,value)函数的功能是输出 value 值给引脚 pin。value 可以是 1，表示输出高电平给引脚 pin。如果 value 是 0，表示输出低电平给引脚 pin。

（7）GPIO.cleanup 函数。

GPIO.cleanup()函数的功能是清除脚本中的编号方式及释放脚本中使用到的引脚，通常在脚本文件最后使用，相当于格式化引脚。

了解了树莓派引脚的功能函数及引脚对应的序号后，我们来介绍一下蜂鸣器设备。

蜂鸣器采用直流电压供电，是一种常见的发声器件，广泛应用于电子计算机、报警器、玩具等领域。蜂鸣器分为有源蜂鸣器和无源蜂鸣器两种。无源蜂鸣器的源不是电源的意思，而是震荡源。有源蜂鸣器只要两端有直流电压供电就会发出声音，无源蜂鸣器必须要由一定频率的方波驱动才能发出声音，如使用 PWM 方式。无源蜂鸣器的外观如图 3.1 所示。

图 3.1　无源蜂鸣器的外观

无源蜂鸣器具有如下优点。

（1）价格便宜、结构简单、使用方便。

（2）可以调节频率，发出不同的声音。

在树莓派扩展板中，已经安装好蜂鸣器，可以直接使用。图 3.2 所示为蜂鸣器电路图。

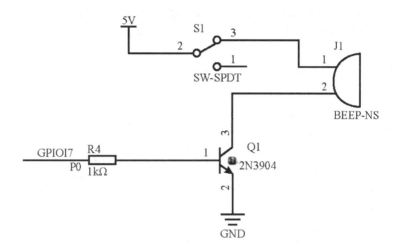

图 3.2　蜂鸣器电路图

从扩展板的蜂鸣器电路图中可以看出，在无源蜂鸣器（BEEP-NS）的两个引脚中，1 号引脚连接开关 S1 到 5V 电源，2 号引脚连接三极管的集电极端，同时，三极管的发射极接地，基极串联 1kΩ 电阻连接 GPIO17 号引脚。通过在 GPIO17 号引脚端输入不同电压信号来控制三极管的导通状态，当基极电流为 0 时，集电极电流也为 0，此时三极管相当于开关断开的状态；当基极电流增大时，集电极电流相对于基极电流以一定倍数放大，三极管相当于开关闭合的状态，蜂鸣器的 2 号引脚导通接地，从而发出声音。改变 GPIO17 号引脚的电压值可以控制蜂鸣器发出不同频率的声音。

二、功能示范

每一个实践项目都是可以独立运行的，我们将每一个实践项目写成模块文件保存下来。首先在 PC 端或树莓派端创建一个*.py 文件，在使用 Python 语言编程之前需要先指定解释器的类型，程序第一行代码如下：

```
#!/usr/bin/env python   #用来指定解释器为 Python
```

根据项目要求，需要依据歌曲简谱来调试蜂鸣器演奏频率。将蜂鸣器演奏频率分为三个音阶：低音段、中音段和高音段。以 C 大调为中音，蜂鸣器的低音频率可参考范围为 0～250 Hz，中音频率可参考范围为 250～500 Hz，高音频率可参考范围为 500～1000 Hz。

低、中、高三种音阶的频率可以参考如下设置：

CL = [0,131, 147, 165, 175, 196, 220, 248]　　　# 蜂鸣器低音频率

CM = [0,262, 294, 330, 350, 400, 465, 495]　　　# 蜂鸣器中音频率

CH = [0,525, 589, 661, 700, 786, 882, 990]　　　# 蜂鸣器高音频率

以《上海滩》简谱为例，将乐谱音调存放在列表中，定义列表 song，列表元素内容如下：

```
song = [    CM[3],CM[5],CM[6],CM[3],CM[5],CM[2],M[3],CM[5],
       CM[6],CH[1],CM[6],CM[5],CM[1],CM[3],M[2],CM[2],
       CM[3],CM[5],CM[2],CM[3],CM[6],CM[6],M[1],CM[2],
       CM[3],CM[2],CL[7],CL[6],CL[5],CM[1],H[1],CH[1],
       CM[6],CH[1],CM[6],CH[1],CM[6],CM[5],M[5],CM[3],
       CM[6],CM[5],CM[1],CM[2],CM[1],CM[2],M[3],CM[3],
       CM[3],CM[2],CM[3],CM[1],CM[1],CM[7],M[6],CM[3],
       CM[3],CM[2],CM[3],CH[1],CM[7],CM[6],M[3],CM[5],          ]
```

将歌曲节奏以同样的方式编码，设置列表 beat 存放歌曲节拍。1 表示 1/8 拍，根据歌曲简谱设定节拍：

```
beat = [  1,1,3,1,1,3,1,1,
       1,2,1,2,1,1,3,1,
       1,3,1,1,3,1,1,2,
       1,2,1,1,1,3,1,2,
       1,2,1,2,1,3,1,1,
       2,1,2,1,1,1,1,1,
       1,1,1,1,1,1,1,1,
       1,1,1,1,3,1,1,  ]
```

设置好乐谱和节拍之后，开始编写树莓派主板初始化函数 setup()。从蜂鸣器电路图中可以看到，蜂鸣器一端接电源正极，另一端接三极管，再串联 1kΩ 电阻连接 GPIO17 号引脚。在初始化函数中设置树莓派主板编号方式为 GPIO.BOARD，即 GPIO.setmode(GPIO.BOARD)，通过查询树莓派主板的引脚图可以得知 GPIO17 号引脚连接的是 11 号物理端口，因此直接定义变量 Buzzer = 11，采用变量定义方式可以避免在程序中直接使用数字。初始化函数的设置如下：

```
Buzzer = 11
def setup():                           #初始化函数
    GPIO.setwarnings(False)
    GPIO.setmode(GPIO.BOARD)           #设置树莓派编号方式
    GPIO.setup(Buzzer, GPIO.OUT)       #设置蜂鸣器引脚模式为输出模式
    global Buzz
    # 驱动蜂鸣器 PWM 方波，初始频率为 440Hz
    Buzz = GPIO.PWM(Buzzer, 440)
    Buzz.start(50)                     #设定 PWM 占空比为 50%
```

项目要求循环播放歌曲，因此需要写一个循环播放函数 loop()。loop()函数中使用 while 语句实现循环功能，Buzz.ChangeFrequency()函数根据乐谱改变蜂鸣器的 PWM 方波频率，同时需要导入 time 库，time 库中的 time.sleep()函数可以控制节拍。time.sleep(1)表示延迟 1s。loop()函数的参考程序如下：

```
def loop():
    while True:
        print '\n    Playing song...'
        for i in range(1, len(song)):
            Buzz.ChangeFrequency(song[i])   # 根据乐谱改变蜂鸣器的 PWM 方波频率
```

```
                time.sleep(beat[i] * 0.5)        # 延迟时间
        time.sleep(1)
```

考虑到程序设计功能的完整性，需要增加关闭蜂鸣器的功能，关闭蜂鸣器之后进行资源回收，即将树莓派引脚置为高电平并释放资源。编写 destory() 函数，参考程序如下：

```
def destory():
    Buzz.stop()                      # 关闭蜂鸣器
    GPIO.output(Buzzer, 1)           # 设置引脚为高电平
    GPIO.cleanup()                   # 释放资源
```

最终程序执行主体代码如下所示：

```
if __name__ == "__main__":           # Python 程序运行入口
    setup()
    try:
        loop()
    except KeyboardInterrupt:        # 在键盘中按下 "Ctrl+C" 组合键，即可运行 destory 函数
        destory()
```

三、任务实践

根据任务效果，以《上海滩》简谱为例，播放《上海滩》简谱纯音乐。编写完整程序，将其上传到树莓派主板中，运行程序，查看效果。

实验对象可扩展为不同频率的简谱歌曲，《两只老虎》简谱如下所示：1,2,3,1,1,2,3,1,3,4,5,3,4,5,5,6,5,4,3,1,5,6,5,4,3,1,1,5,1,1,5,1。请根据所学内容完成《两只老虎》简谱的蜂鸣器播放任务。

任务 2：开关控制蜂鸣器发声

🔽 任务描述

- 任务要求：使用开关控制蜂鸣器发出一定频率的声音。
- 任务效果：按下扩展板上的开关按钮，板载红色 LED 灯亮，同时蜂鸣器发出指定频率的声音。

一、开关工作原理

扩展板上开关的内部原理图如图 3.3 所示。

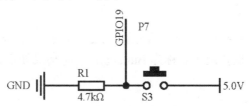

图 3.3　扩展板上开关的内部原理图

开关一端接 5V 电压，另一端接扩展板 GPIO19 号端口（这里的 GPIO19 指的是 BCM 编码模式的引脚编号），同时串联 4.7kΩ 电阻接地。从图 3.3 中可以看出，按下开关，GPIO19 号引脚为高电平；松开开关，GPIO19 号引脚为低电平。

扩展板上的板载 LED 灯为红色和绿色的两个发光二极管，板载红绿小灯接线原理图如图 3.4 所示。其中，D5 表示红灯，D6 表示绿灯。D5 一端接 GPIO5 号端口，另一端串联一个电阻接地。D6 一端接 GPIO6 号端口，另一端串联一个电阻接地。

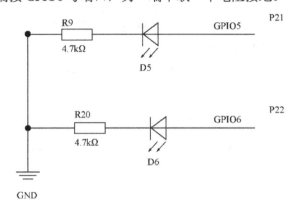

图 3.4　板载红绿小灯接线原理图

通过板载 LED 灯的电路可以判断，给 GPIO5 号引脚输入高电平，发光二极管 D5 变亮；给 GPIO5 号引脚输入低电平，发光二极管 D5 熄灭。同理可得 D6 的效果。

二、功能示范

了解开关的原理和板载 LED 灯后，下面来演示如何用扩展板上的按钮开关控制两个板载 LED 灯，实现如下效果：按钮按下，红灯亮；按钮弹起，绿灯亮；不按按钮时，绿灯常亮。

按照 BCM 编码格式，设置引脚变量如下：

```
ButtonPin = 19
Redledpin = 5
Greenledpin = 6
```

初始化硬件编码模式、引脚模式和初始电平值，将开关引脚设置为输入模式，即需要从开关引脚读取信号，参考格式如下：

```
def setup():
    GPIO.setwarnings(False)
    GPIO.setmode(GPIO.BCM)
    GPIO.setup(Greenledpin, GPIO.OUT)
    GPIO.setup(Redledpin, GPIO.OUT)
    GPIO.setup(ButtonPin, GPIO.IN, pull_up_down=GPIO.PUD_UP)
```

定义开关函数名称，设置函数名称为 Button()，参考格式如下。

```
def Button():
    if GPIO.input(ButtonPin) == True:
        time.sleep(0.01)
        if GPIO.input(ButtonPin)==True:
```

```
        GPIO.output(Redledpin,0)
        GPIO.output(Greenledpin,1)
elif GPIO.input(ButtonPin) == False:
        time.sleep(0.01)
        if GPIO.input(ButtonPin) == False:
            while GPIO.input(ButtonPin) ==True:
                pass
        GPIO.output(Redledpin,1)
        GPIO.output(Greenledpin,0)
```

将以上代码复制到树莓派系统中，运行代码，查看效果。

三、任务实践

在刚才的操作中，我们展示了如何用开关控制板载 LED 灯的亮灭，根据实验要求，需要采用开关控制蜂鸣器发出指定频率的声音。

结合任务 1 蜂鸣器报警的相关知识点，完成蜂鸣器的初始化设置，报警频率采用 Buzz.ChangeFrequency() 函数来设置，如 Buzz.ChangeFrequency(350)可以使蜂鸣器发出350Hz 频率的中音，可自行设定频率。

任务 3：电机驱动车辆运动

☁ 任务描述

- 任务要求：使用直流电机驱动器驱动四个马达转动，使智能车完成前进、后退、左转、右转和停止五种基本运动。
- 任务效果：实现智能车前进 2 s，后退 2 s，左转 3 s，右转 3 s，停止 5 s，不对左转和右转的弧度设置要求，可自行调节。

一、直流电机驱动器工作原理

智能车的四个轮子采用两个 TB6612FNG 直流电机驱动器驱动，TB6612FNG 是一款直流电机驱动器，它能同时驱动两个电机。因为 TB6612FNG 直流电机驱动器是双驱动的，智能车有 4 个直流电机，分别控制 4 个轮子，所以需要两块 TB6612FNG 直流电机驱动器。

下面介绍两个 TB6612FNG 直流电机驱动器的引脚原理图，如图 3.5 和图 3.6 所示。引脚 AIN1/AIN2、BIN1/BIN2、PWMA 和 PWMB 均是输入控制端。AO1/AO2、BO1/BO2、CO1/CO2、DO1/DO2 均是输出控制端。

从图 3.5 和图 3.6 中可以看出，两个直流电机驱动器的 PWMA 引脚都连接 GPIO18 号端口，PWMB 引脚都连接 GPIO23 号端口，AIN1/AIN2 也分别连接 GPIO22 和 GPIO27 号端口，BIN1/BIN2 分别连接 GPIO25 和 GPIO24 号端口。也就是说，两个直流电机驱动器的输入控制端的引脚接线是一样的，那么当我们给定输入信号的时候，同时可以控制两个直流电机驱动器的输出。

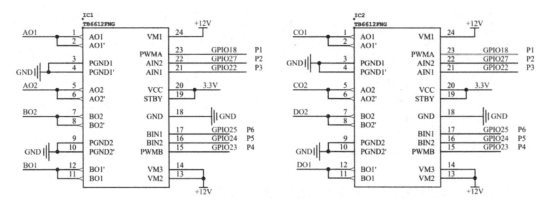

图 3.5　TB6612FNG 直流电机驱动器 1 引脚图　　图 3.6　TB6612FNG 直流电机驱动器 2 引脚图

TB6612FNG 直流电机驱动器有 4 种电机控制方式，分别是正转、反转、制动和停止。这 4 种控制方式需要对引脚 AIN1/AIN2、BIN1/BIN2、PWMA 和 PWMB 输入不同信号来控制。TB6612FNG 的电机控制方式如表 3.2 所示。

表 3.2　TB6612FNG 的电机控制方式

AIN1	AIN2	BIN1	BIN2	PWMA	PWMB	输　　出
1	0	1	0	1	1	正转
0	1	0	1	1	1	反转
1	1	1	1	1	1	制动
0	0	0	0	1	1	停止

如表 3.2 所示，设定一定频率的 PWMA、PWMB 方波，启动电机。分别给 AIN1 和 BIN1 输出高电平信号，给 AIN2 和 BIN2 输出低电平信号，电机即可正转。

二、功能示范

Python2 不支持中文，若需要用到中文，则需要告诉 Python 解释器按照 UTF-8 编码来读取源代码，可以在.py 文件中加以下代码：

```
# -*- coding: utf-8 -*-
```

这样就可以使用中文了。当然，如果是 Python3 版本，就不需要这么操作了，Python3 版本支持中文解释。

下面以智能车前进运动为例，进行功能函数讲解，并进行功能示范。

首先要进行初始化设置，包含树莓派主板引脚编码方式、电机驱动器各输入控制端的输入/输出模式设置。

```
def setup():
    GPIO.setwarnings(False)
    GPIO.setmode(GPIO.BCM)
    GPIO.setup(AIN2,GPIO.OUT)
    GPIO.setup(AIN1,GPIO.OUT)
    GPIO.setup(PWMA,GPIO.OUT)
    GPIO.setup(BIN1,GPIO.OUT)
```

```
GPIO.setup(BIN2,GPIO.OUT)
GPIO.setup(PWMB,GPIO.OUT)
```

接下来要初始化 PWM 端口，给定初始频率并启动 PWM 信号。分别设置 PWMA 和 PWMB 端口的初始频率为100Hz，并启动电机，将启动电压暂时设置为0V，即处于待机状态。参考代码如下，需要注意的是，代码需要放在程序主入口，如果放在其他函数中，会出现找不到局部变量并报错的问题（错误类型为"L_Motor" is not defined）。

```
L_Motor= GPIO.PWM(PWMA,100)
L_Motor.start(0)
R_Motor = GPIO.PWM(PWMB,100)
R_Motor.start(0)
```

电机前进运动需要设置速度，采用函数 L_Motor.ChangeDutyCycle(speed)来设置前进速度，speed 的取值范围为0～100。前进运动需要将电机设置为正转，参考代码如下：

```
def Motorforward(speed):
    L_Motor.ChangeDutyCycle(speed)
    GPIO.output(AIN2,False)
    GPIO.output(AIN1,True)
    R_Motor.ChangeDutyCycle(speed)
    GPIO.output(BIN2,False)
    GPIO.output(BIN1,True)
```

程序主入口的参考代码如下：

```
if __name__ == "__main__":
    setup()
    try:
        while True:
            Motorforward(50)
    except KeyboardInterrupt:
        L_Motor.stop()
        R_Motor.stop()
        GPIO.cleanup()
```

执行上述代码程序后，智能车持续前进，除非按下"Ctrl+C"组合键，当键盘中断输入后，调用 L_Motor.stop()和 R_Motor.stop()函数，电机才会停止运行。如果需要设置智能车前进几秒，可以去掉 while true 循环，加入 time.sleep 函数，控制运行时间，采用 import time 引入 time 库即可。time.sleep()函数中的入参表示延迟秒数，如 time.sleep(1)表示延迟 1s。

三、任务实践

参考前进功能的代码，继续编写代码，实现智能车前进 2s、后退 2s、左转 3s、右转 3s、停止 5s 的功能。

对于不同运动功能，设置电机为不同转动方式即可，具体设置可参考电机的四种控制方式。左转和右转的设计可以有多种方式，如设置左侧和右侧电机的速度差或采用不同转向的方式来完成。完整的参考代码如下：

```
#!/usr/bin/env python2
```

```
# -*- coding: utf-8 -*-
import  RPi.GPIO as GPIO
import time
PWMA = 18
AIN1  =  22
AIN2  =  27
PWMB = 23
BIN1  =  25
BIN2  =  24


def Moveforward(speed,sleeptime):
    L_Motor.ChangeDutyCycle(speed)
    GPIO.output(AIN2,False)
    GPIO.output(AIN1,True)
    R_Motor.ChangeDutyCycle(speed)
    GPIO.output(BIN2,False)
    GPIO.output(BIN1,True)
    time.sleep(sleeptime)


def Car_stop(sleeptime):
    L_Motor.ChangeDutyCycle(0)
    GPIO.output(AIN2,False)
    GPIO.output(AIN1,False)
    R_Motor.ChangeDutyCycle(0)
    GPIO.output(BIN2,False)
    GPIO.output(BIN1,False)
    time.sleep(sleeptime)


def Car_back(speed,sleeptime):
    L_Motor.ChangeDutyCycle(speed)
    GPIO.output(AIN2,True)
    GPIO.output(AIN1,False)
    R_Motor.ChangeDutyCycle(speed)
    GPIO.output(BIN2,True)
    GPIO.output(BIN1,False)
    time.sleep(sleeptime)


def turnleft(speed,sleeptime):
    L_Motor.ChangeDutyCycle(speed)
    GPIO.output(AIN2,True)
    GPIO.output(AIN1,False)
```

```
    R_Motor.ChangeDutyCycle(speed)
    GPIO.output(BIN2,False)
    GPIO.output(BIN1,True)
    time.sleep(sleeptime)

def turnright(speed,sleeptime):
    L_Motor.ChangeDutyCycle(speed)
    GPIO.output(AIN2,False)
    GPIO.output(AIN1,True)
    R_Motor.ChangeDutyCycle(speed)
    GPIO.output(BIN2,True)
    GPIO.output(BIN1,False)
    time.sleep(sleeptime)

def setup():
    GPIO.setwarnings(False)
    GPIO.setmode(GPIO.BCM)
    GPIO.setup(AIN2,GPIO.OUT)
    GPIO.setup(AIN1,GPIO.OUT)
    GPIO.setup(PWMA,GPIO.OUT)
    GPIO.setup(BIN1,GPIO.OUT)
    GPIO.setup(BIN2,GPIO.OUT)
    GPIO.setup(PWMB,GPIO.OUT)

if __name__ == "__main__":
    setup()
    L_Motor= GPIO.PWM(PWMA,100)
    L_Motor.start(0)
    R_Motor = GPIO.PWM(PWMB,100)
    R_Motor.start(0)
    try:
        while True:
            Moveforward(50,2)
            Car_back(50,2)
            turnleft(50,3)
            turnright(50,3)
            Car_stop(5)
    except KeyboardInterrupt:
        L_Motor.stop()
        R_Motor.stop()
        GPIO.cleanup()
```

任务 4：喇叭播放合成语音

☁ 任务描述

- **任务要求：** 掌握语音合成技术及 pygame 库的使用方法。
- **任务效果：** 结合运动和语音功能，完成根据语音播报控制智能车运动的任务，如语音播报"智能车前进"，智能车前进 3s，然后停止运动。

一、语音合成技术

智能车语音实验使用百度智能云平台中的语音合成技术。在本地计算机中直接打开百度应用，在搜索栏中输入"百度 AI 开放平台"即可进入智能云平台。自己注册一个百度账号，登录账号。在主页中单击左侧的菜单栏，找到"语音技术"，如图 3.7 所示。

图 3.7　百度智能云平台界面

单击"语音技术"进入以下界面，如图 3.8 所示，单击方框中的"创建应用"，创建一个语音技术应用账号。

图 3.8　在百度智能云平台创建语音技术应用账号

根据提示创建应用账号，百度智能云语音账号界面如图 3.9 所示，其中，App ID、API Key 和 Secret Key 是在后续程序中需要使用的。需要暂时保留此页面，直到编码完成为止。

图 3.9　百度智能云语音账号界面

AipSpeech 是语音识别的 Python SDK 客户端，使用前需要创建一个 AipSpeech，创建代码如下：

```
from aip import AipSpeech #导入包
```

将通过百度云申请的账号和密码复制过来即可，具体设置如下：

```
APP_ID='此处填入创建账号的 App ID'
API_KEY='此处填入创建账号的 API Key '
SECRET_KEY='此处填入创建账号的 Secret Key '
aipSpeech=AipSpeech(APP_ID,API_KEY,SECRET_KEY)
```

创建好 AipSpeech 之后，就可以使用里面的接口函数了。下面我们需要使用语音合成技术，在百度智能云平台中有相关技术的使用说明，图 3.10 所示为百度智能云平台 SDK 下载界面。

在百度智能云平台中，有各种系统的 SDK，如 Android、iOS、JAVA 等，我们需要使用语音合成功能，在语音技术子菜单中找到"语音合成"，按照图 3.11 所示找到"在线合成Python-SDK"，里面有简介、接口说明、错误信息等内容。

图 3.10　百度智能云平台 SDK 下载界面　　　图 3.11　"语音合成"菜单索引图

语音合成函数为 synthesis()，第一个参数 text 为需要合成的文本内容，必须小于 1024 字节。可选参数有 4 个，其中，spd 表示声音语速，取值范围为 0～9，数值越大，表示语速越快。pit 表示音调，取值范围为 0～9。vol 表示音量，取值范围为 0～15，数值越大，表示音量越大。per 为 0 代表女声，per 为 1 代表男声，per 为 3 或 4 都表示情感合成。函数使用示例如下：

```
voice = aipSpeech.synthesis(text = '现在开始语音播报',
    options={'spd':5,'vol':5,'per':1,})
```

将合成的语音保存为语音文件，若合成成功，则返回二进制形式的语音；若合成失败，则返回 dict 错误码，具体实现参考以下代码，将语音保存为 yuyin.mp3 文件：

```
if not isinstance(voice,dict):
    with open('yuyin.mp3','wb') as f:
    f.write(voice)
```

保存语音文件之后需要播放文件，我们利用树莓派自带的 pygame 库，要使用 pygame 库需要先将其导入，播放 MP3 音乐可以使用 mixer 模块，进行 mixer 模块初始化，直接使用 pygame.mixer.init()即可，使用默认参数。播放音乐使用 mixer 模块中的 music 类，下载 MP3 文件，用 pygame.mixer.music.load()函数，参数为需要下载文件的路径。使用函数 pygame.mixer.music.play()播放文件，参考代码如下：

```
import pygame
pygame.mixer.init()
pygame.mixer.music.load('/home/pi/CLBROBOT/ yuyin.mp3')
pygame.mixer.music.play()
```

二、功能示范

接下来根据语音合成函数完成"下面开始语音合成"的播放演示。
导入需要使用的语音库，参考代码如下：

```
from aip import AipSpeech
import pygame
```

创建语音合成账号，参考代码如下：

```
#这里需要填写你的 ID 和密钥
APP_ID='      '
API_KEY='      '
SECRET_KEY='      '
aipSpeech=AipSpeech(APP_ID,API_KEY,SECRET_KEY)
```

编写语音合成函数 car_speech()，生成需要播放的语音内容 content，保存为 yuyinbofang.mp3，并通过 pygame 库中的播放函数实现在喇叭中播放语音：

```
def car_speech(content):
    result = aipSpeech.synthesis(text = content,
                                options={'spd':2,'vol':5,'per':0,})
    if not isinstance(result,dict):
        with open('yuyinbofang.mp3','wb') as f:
            f.write(result)
    else:print(result)
```

```
#我们利用树莓派自带的 pygame 库
pygame.mixer.init()
pygame.mixer.music.load('/home/pi/CLBROBOT/ yuyinbofang.mp3')
pygame.mixer.music.play()
```

程序主入口代码如下：

```
if __name__ == "__main__":
    GPIO.setwarnings(False)
    GPIO.setmode(GPIO.BCM)
    try:
        content='下面开始语音合成'
        car_speech(content)
    except KeyboardInterrupt:
        GPIO.cleanup()
```

三、任务实践

结合运动和语音功能，根据语音播报，使智能车向前运动 3s、向后运动 3s、向左运动 3s、向右运动 3s、停止 3s。例如，语音播报"智能车前进"，智能车前进 3s，然后停止运动。接着语音播报"智能车后退"，智能车后退 3s，然后停止运动。

项目 4　温湿度检测

📚 **导入学习情境**

不管是人类所居住的生活环境，还是工农业生产，都需要对温度和湿度进行测量和控制。通过传感器检测和判断环境的温湿度是否合适，从而提高生活质量、生产效益等。

🎓 **知识目标**

- 掌握 DHT11 温湿度传感器的工作原理。
- 掌握录音工作原理及流程。
- 掌握播放声音处理流程。

🎓 **技能目标**

- 能够正确搭建温湿度采集系统硬件电路。
- 能够完成温湿度数据读取。
- 能够实现录音和播放功能，播报温湿度数据。

🎓 **素质目标**

- 从农业数字化的应用在祖国大地上遍地开花结果、助推农业生产效率的提高、助推农民增收的角度，引导学生提升幸福感。
- 通过环境监测，引导学生树立保护生态环境、节约自然资源、减少环境污染的理念。

任务 1：室内温湿度显示

☁️ **任务描述**

- 任务要求：采用 DHT11 温湿度传感器检测当前室内温湿度数据，并打印温湿度数据。
- 任务效果：实时采集温湿度数据，可设置采样间隔为 15s 或其他时间，温度数据和湿度数据各保留一位小数点，温度数据的单位为℃，湿度用%表示，可以直接将数据显示在 Shell 界面的运行日志中。

一、DHT11 工作原理

体积较小的温湿度传感器的型号有很多，如 LM35、DS18B20、DHT11、DHT22 等，本项目采用的是 DHT11 温湿度传感器。

DHT11 温湿度传感器是一款温湿度复合传感器，它应用专用的数字模块采集技术和温湿度传感技术，确保产品具有极高的可靠性和卓越的稳定性。

DHT11 的精度：湿度±5%RH，温度±2℃，量程湿度 5%～95%RH，温度-20～60℃。工作电压为 3.3～5.5V。

如图 4.1 所示，DHT11 共 4 个引脚，从左往右依次编号为 1、2、3、4。DHT11 引脚编号含义如表 4.1 所示。

1　2　3　4

图 4.1　DHT11 温湿度传感器

表 4.1　DHT11 引脚编号含义

引 脚 编 号	名　　称	说　　明
1	VCC	电源正极，3.3～5.5V
2	DATA	数据线
3	NC	空引脚，可不接线
4	GND	接地

树莓派上使用 DHT11 检测室内温湿度，可以根据 DHT11 的工作原理及电路设计编写读取函数的源代码，也可以直接使用第三方库来读取数据。这里我们将直接使用 Adafruit DHT11 库。

首先需要在树莓派上安装 Adafruit DHT11 库。第三方库可以从 github 中直接获取开源代码，并下载到树莓派系统中。

在树莓派/home/pi 路径下运行终端命令，下载源码，指令如下：

```
sudo apt-get install git-core
git clone https://github.com/adafruit/Adafruit_Python_DHT.git
```

完成 Adafruit_Python_DHT 下载后，查看树莓派/home/pi 路径下的文件，显示文件已经存在，如图 4.2 所示。

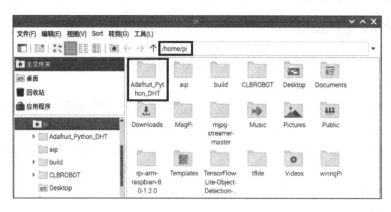

图 4.2　树莓派中 Adafruit_Python_DHT 文件的位置

返回终端，采用 **cd** 指令切换当前工作目录，进入 Adafruit_Python_DHT 文件，指令如下：

```
cd Adafruit_Python_DHT
```

在 Adafruit_Python_DHT 下安装 Adafruit DHT11 库，采用 Python3 安装，输入指令如下：

```
sudo apt-get install build-essential python-dev
sudo python3 setup.py install
```

终端运行结束后，Adafruit_DHT 库安装完成界面如图 4.3 所示，安装版本为 Adafruit-DHT==1.4.0。可以在 Python Shell 界面中输入以下代码验证是否安装成功：

```
import Adafruit_DHT
```

若不报错，则说明该模块已经正常安装并可以使用。

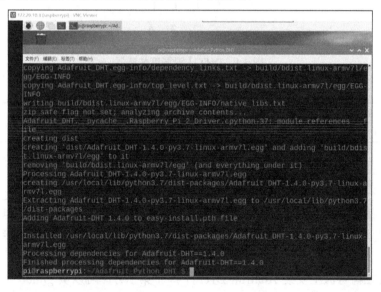

图 4.3　Adafruit_DHT 库安装完成界面

二、功能示范

本书采用的实验设备是树莓派 4B 芯片版，搭配创乐博科技有限公司开发的扩展板芯片，DHT11 没有布局在该扩展板上，因此需要外接 DHT11 设备。通过查看芯片电路和手册，选择一个空闲的树莓派引脚使用。这里我们选择 GPIO7 号引脚。VCC 电源选择 5V，接地引脚选择 GND。根据树莓派引脚图选择接线，如图 4.4 所示。

wiringPi Pin	BCM GPIO	Name	Header	Name	BCM GPIO	wiringPi Pin
–	–	3.3v	1 | 2	5v	–	–
8	R1:0/R2:2	SDA0	3 | 4	5v	–	–
9	R1:1/R2:3	SCL0	5 | 6	0V	–	–
7	4	GPIO7	7 | 8	TXD	14	15
–	–	0V	9 | 10	RXD	15	16
0	17	GPIO0	11 | 12	GPIO1	18	1
2	R1:21/R2:27	GPIO2	13 | 14	0V	–	–
3	22	GPIO3	15 | 16	GPIO4	23	4
–	–	3.3v	17 | 18	GPIO5	24	5
12	10	MOSI	19 | 20	0V	–	–
13	9	MISO	21 | 22	GPIO6	25	6
14	11	SCLK	23 | 24	CE0	8	10
–	–	0V	25 | 26	CE1	7	11
30	0	SDA. 0	27 | 28	SCL. 0	1	31
21	5	GPIO. 21	29 | 30	0V	–	–
22	6	GPIO. 22	31 | 32	GPIO. 26	12	26
23	13	GPIO. 23	33 | 34	0V	–	–
24	19	GPIO. 24	35 | 36	GPIO. 27	16	27
25	26	GPIO. 25	37 | 38	GPIO. 28	20	28
		0V	39 | 40	GPIO. 29	21	29
wiringPi	BCM	Name	Header	Name	BCM	wiringPi

图 4.4　在树莓派上选择 DHT11 的引脚

完成硬件接线后，启动树莓派智能车，设置编码方式和引脚变量值。本任务采用 BCM 编码方式，参考代码如下：

```
import RPi.GPIO as GPIO
dht11pin = 4
GPIO.setwarnings(False)
GPIO.setmode(GPIO.BCM)
GPIO.setup(dht11pin,GPIO.IN)
```

读取温湿度数值采用函数 Adafruit_DHT.read_retry(sensor,pin)，该函数有两个入参，第一个参数表示读取设备的型号，本项目采用的是 DHT11，即 sensor=11，若采用精度更高的 DHT22 温湿度传感器，则 sensor=22，需要根据设备自行设定。第二个参数 pin 表示 DHT11 的 DATA 引脚在扩展板上的接线编号，本任务选择的是 GPIO7 号引脚（在 BCM 编码方式下，pin=4）。Adafruit_DHT.read_retry 函数有两个返回值，分别是温度和湿度。循环读取温湿度数据的参考代码如下：

```
while True:
    humidity,temperature = Adafruit_DHT.read_retry(11, dht11pin)
    print ('Temp: {0:0.1f} C Humidity: {1:0.1f} %'.format(temperature,humidity))
```

采用 print 函数将读取的温湿度数据打印显示，分别保留一个小数点，温度单位为℃，湿度用%表示。

将以上代码保存为 dht11.py 文件，文件路径为/home/pi，并在树莓派智能车中运行，DHT11 温湿度数据显示如图 4.5 所示。

图 4.5　DHT11 温湿度数据显示

三、任务实践

根据 DHT11 工作原理及功能演示，完成 DHT11 第三方库的安装及室内温湿度数据实时采集。除基本功能外，还可以考虑添加如下功能。

（1）添加 time 库，设定采样时间，可以设置每隔 15s 采集一次温湿度数据。

（2）获取系统采样时间，并打印当前采集数据的时间。

任务 2：温湿度状态语音播报

☁ 任务描述

- 任务要求：检测当前室内温湿度数据并完成温湿度状态语音播报。
- 任务效果：设定一个温湿度正常范围，若检测到的温湿度在正常范围内，则播报正常，若湿度偏高，则播报湿度偏高。

一、录音及播放原理

采用麦克风录音，需要先设置采样频率、采样位数、声道数，再启动声卡的 AD 芯片，将模拟信号转换为数字信号，储存到文件中。录音支持多种文件格式，如 MP3 格式，人的听力范围为 20～20000Hz，MP3 格式的文件把人耳听不到的频率都去除了，因此其文件比较小。另外，常用的无损压缩文件格式有 WAV、PCM、WV 等。本项目采用 WAV 格式保存音频文件。

播放时，步骤和录音刚好相反，根据录音时声卡的采样频率、采样位数、声道数设置声卡，DA 芯片将录音转化为音频对应的模拟信号。

录音及播放的过程如图 4.6 所示。

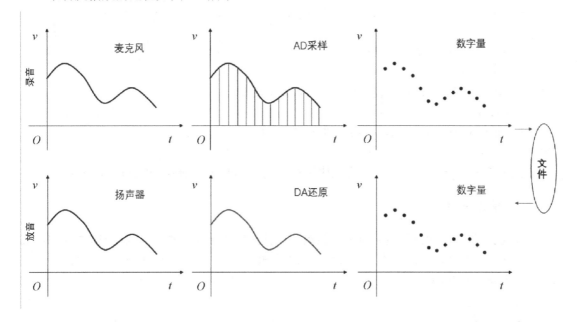

图 4.6　录音及放播的过程

我们采用 pyaudio 库来开发录音功能，首先需要检测树莓派系统中是否已经安装了 pyaudio 库，可以在 Python 运行界面中输入 import pyaudio，如图 4.7 所示，若提示 No module named 'pyaudio'，则表示该模块还未在树莓派系统中安装，不能使用。

```
>>> import pyaudio
Traceback (most recent call last):
  File "<pyshell#0>", line 1, in <module>
    import pyaudio
ModuleNotFoundError: No module named 'pyaudio'
>>>
```

图 4.7　pyaudio 模块未安装错误提示

在树莓派系统中安装 pyaudio 库同样可以采用不同的方式。这里介绍两种方式，第一种为已经下载了安装包的安装方式，第二种为直接获取安装方式。

1）安装方式 1

（1）将下载好的 portaudio 和 pyaudio 压缩包文件传输到树莓派/home/pi 路径下。

（2）安装 portaudio，pyaudio 对 portaudio 有一定的依赖性，因此需要先安装 portaudio。在终端中输入安装指令：

```
cd    /home/pi                        #进入/home/pi 路径
tar  -xvf  portaudio.tar             #用 tar 指令解压缩 portaudio.tar 文件
cd    portaudio                       #进入 portaudio 路径
./configure                           #配置
make                                  #编译
sudo make install                     #安装
```

（3）安装 pyaudio。

```
cd    /home/pi
tar  -xzvf  PyAudio-2.1.tar.gz       #安装包的名称为 PyAudio-2.1.tar.gz，具体取决于下载的版本
cd    PyAudio
sudo  python  setup.py  install
```

2）安装方式 2

（1）首先安装 portaudio.dev，在终端输入如下指令：

```
sudo apt-get install portaudio.dev
```

（2）安装 python-pyaudio，在终端输入如下指令：

```
sudo apt-get install python-pyaudio
```

注意：若是 Python3 版本，则将上述指令修改为 sudo apt-get install python3-pyaudio。

二、功能示范

下面我们将演示如何开启录音和播放录音。首先需要导入音频库，设置声道数为 2，采用频率 1 6000 Hz（可选，设置为人耳能够听到的频率即可），缓冲区大小为 1024KB，时间为 10s。具体设置代码如下：

```
import pyaudio
import wave
import time
CHANNELS = 2
RATE = 16000
BUFFERSIZE = 1024
Caiyangshijian = 10
```

编写录音函数 record()，设定入参为文件名，文件名可以自定义。录音过程如下：

（1）通过 pyaudio.PyAudio()实例化对象 p，采用 p.open()函数打开声卡，将设定的采样频率等参数写入，p.open()函数返回值为音频流名称 stream。

（2）读取音频数据，采用函数 stream.read(BUFFERSIZE)读取音频数据，每次读取一个缓冲区大小的数据，创建一个空列表 frame = []，采用 append 函数将读出来的音频数据追加存放到 frame 列表中。

（3）写入文件，将 frame 列表中的数据写入文件，采用 wave.open()函数，以"wb"写保存的方式写入，同时设定采样频率等参数。

（4）关闭文件，关闭声音流，关闭声卡，避免影响下次使用。

录音函数的具体实现代码如下：

```
def record(filename="yuyintest.wav"):
```

```
p=pyaudio.PyAudio()
FORMAT = pyaudio.paInt16
stream=p.open(format= FORMAT,
            channels= CHANNELS,
            rate= RATE,
            input=True,
            frames_per_buffer = BUFFERSIZE)
#read
frames = []
for i in range(0,int(RATE / BUFFERSIZE * Caiyangshijian)):
    data = stream.read(BUFFERSIZE)
    frames.append(data)
#write
wf = wave.open(filename,"wb")
wf.setnchannels(CHANNELS)
wf.setsampwidth(p.get_sample_size(FORMAT))
wf.setframerate(RATE)
wf.writeframes(b''.join(frames))
#close
wf.close()
stream.stop_stream()
stream.close()
p.terminate()
```

可以在树莓派中运行上述代码，录音时长为 10s，可以对树莓派智能车说一段话，内容不限，如"现在开始测试录音功能"等语句，查看运行结果，录音文件生成效果如图 4.8 所示。

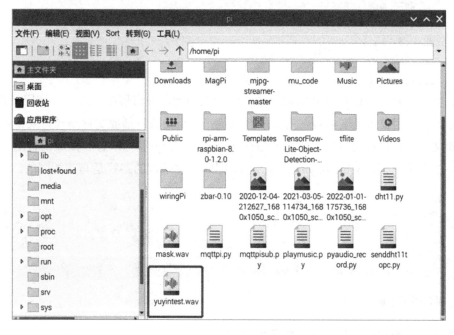

图 4.8　录音文件生成效果

如图 4.8 所示，我们可以看到在/home/pi 路径下生成了 yuyintest.wav 文件，双击打开文件，若树莓派已经安装播放器，则可以播放该文件；若没有安装播放器，则可以先编写完播放函数后再测试音频效果。

编写播放录音函数 playMusic()，入参为文件名，播放过程如下。

（1）通过 pyaudio.PyAudio()实例化对象 p，采用 wave.open()函数以 "rb" 方式打开文件，获取写入该文件时设定的采样频率等参数，采用 p.open()函数开启声卡，创建音频流，设定名称为 stream。

（2）读取音频数据，采用函数 wf.readframes(BUFFERSIZE)读取音频数据，每次读取一个缓冲区大小的数据。

（3）将音频数据写入 stream 并播放，直到数据结束为止。

（4）关闭音频流，关闭文件，关闭声卡，避免影响下次使用。

播放函数的具体实现代码如下：

```python
def playMusic(filename):
    p = pyaudio.PyAudio()
    wf = wave.open(filename, 'rb')
    stream = p.open(format=p.get_format_from_width(wf.getsampwidth()),
            channels=wf.getnchannels(),
            rate=wf.getframerate(),
            output=True)
    data = wf.readframes(BUFFERSIZE)
    while data != b'':
        stream.write(data)
        data = wf.readframes(BUFFERSIZE)
    stream.stop_stream()
    stream.close()
    wf.close()
    p.terminate()
```

写完播放函数，现在可以开始测试录音和播放功能，开启程序主入口，调用录音函数，延迟几秒后，调用播放录音函数，需要注意的是，要正确填写播放文件路径，录音函数存放的位置即文件默认保存的位置。本任务是在/home/pi 路径下编写录音和播放函数的，生成的文件也在该目录下，即/home/pi/yuyintest.wav，因此播放函数的路径是与其相同的。具体实现代码如下：

```python
if __name__ == "__main__":
    record()
    time.sleep(3)
    playMusic("/home/pi/yuyintest.wav")
```

三、任务实践

根据以上内容完成任务实践，任务内容如下。

（1）生成两个录音文件并播放，文件 1 录音内容："当前温度正常，湿度正常"。文件 2 录音内容："当前温度正常，湿度偏高"。

（2）结合本项目任务 1 的内容，采用 DHT11 温湿度传感器采集当前室内温湿度数据，打印显示温湿度数据。

（3）判断温湿度数据，设定一个正常范围，如将温度 20℃、湿度 50%定义为正常值，当检测到温度正常时，播放文件 1 的录音内容。对着 DHT11 吹口气，湿度值会迅速上升，当检测到湿度值大于 60%时，播放文件 2 的录音内容，从而实现温湿度状态语音播报功能。

项目 5　障碍物检测

导入学习情境

　　智能车在行驶过程中，安全问题是尤为重要的，如果遇到人、物体等，需要停止运行或绕过障碍物，以免碰撞产生事故。

知识目标

- 掌握红外避障传感器的工作原理。
- 掌握红外避障传感器检测范围的调节方式。
- 掌握基本的避障算法设计。

技能目标

- 能够根据使用场景调节红外避障传感器的检测范围。
- 能够使用红外避障传感器检测障碍物。
- 能够实现避障功能。

素质目标

- 通过避障功能的设计与开发，提高学生的生命安全意识。
- 通过算法设计过程，培养学生精益求精的精神。

任务 1：红外避障传感器距离检测

任务描述

- 任务要求：采用两个红外避障传感器分别检测在智能车左右两端的指定距离内是否有障碍物。
- 任务效果：若在智能车左右两端 30cm 内有障碍物，则红外检测灯亮；若无障碍物，则红外检测灯灭。

一、红外避障传感器工作原理

本书所采用的智能车配备了两个红外避障传感器，放置在智能车前端。红外避障模块实物图如图 5.1 所示。

图 5.1　红外避障模块实物图

该模块对光线的适应能力强，具有抗干扰能力强、便于装配、使用方便等特点。它包含一个发射管和一个接收管。白色透明的为发射管，通电后发射管发射人肉眼不可见的红外光，黑色的为接收管。标有数字 3362 的蓝色方块为可调节电位器，红外避障模块的检测范围可以通过调节电位器来调整，有效检测距离范围为 2～30cm。顺时针调节电位器，检测范围扩大，逆时针调节电位器，检测范围缩小。红外避障模块的对外引脚有 3 个，分别是 VCC（电源正极，工作电压为 3.3V～5V）、GND（电源负极）和 OUT（输出端口）。

红外避障模块电路原理图如图 5.2 所示。

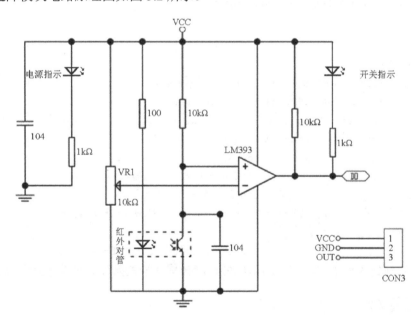

图 5.2　红外避障模块电路原理图

通过图 5.2 可以看出，当 VCC 端通电后，电源指示灯会亮。红外避障模块发射管发射一定频率的红外光，当在检测方向遇到障碍物后，红外光反射回来被接收管接收，从而改变 LM393 比较器的输入电压值，检测到障碍物后 OUT 输出低电平，开关指示灯点亮。当没有检测到障碍物时，OUT 输出高电平，开关指示灯熄灭。

二、功能示范

组装硬件时，我们知道智能车前端安装有两个红外避障传感器，智能车右侧红外避障传感器的 OUT 端口接到了树莓派扩展板的 GPIO16 号端口上，智能车左侧红外避障传感器的 OUT 端口接到了树莓派扩展板的 GPIO12 号端口上，采用 BCM 编号方式，设定变量如下：

```
RightInfradSensor = 16
LeftInfradSensor = 12
```

下面将演示检测不同距离的障碍物的效果。

第一步，在初始化函数 setup()中设置红外避障传感器的引脚为 GPIO.IN 模式，用来读取检测内容。参考代码如下：

```
def setup():
    GPIO.setwarnings(False)
    GPIO.setmode(GPIO.BCM)
    GPIO.setup(RightInfradSensor,GPIO.IN)
    GPIO.setup(LeftInfradSensor,GPIO.IN)
```

第二步，编写 detectdistance()函数，若左侧红外避障传感器检测到障碍物，则打印输出"Left Infrared Sensor has detected obstacle"，若右侧红外避障传感器检测到障碍物，则打印输出"Right Infrared Sensor has detected obstacle"，当左右两侧的红外避障传感器都没有检测到障碍物时，打印输出"No obstacles"，当左右两侧的红外避障传感器都检测到障碍物时，打印输出"Two Infrared Sensors have detected obstacles"。

参考代码如下：

```
def detectdistance():
    while True:
        SensorRight = GPIO.input(RightInfradSensor)
        SensorLeft = GPIO.input(LeftInfradSensor)
        if SensorLeft == True and SensorRight == True:
            print("No obstacles")
        elif SensorLeft == True and SensorRight ==False:
            print("Right Infrared Sensor has detected obstacle")
        elif SensorLeft==False and SensorRight ==True:
            print("Left Infrared Sensor has detected obstacle")
        else:
            print("Two Infrared Sensors have detected obstacles")
```

将代码复制到树莓派智能车，演示红外避障传感器检测障碍物的灵敏度及效果。

三、任务实践

对照任务效果，参考功能示范，编写任务 1 的完整代码，参考步骤如下。

步骤一：初始化树莓派引脚编码方式，初始化红外避障传感器的引脚变量，并设定引脚输入/输出模式。

步骤二：编写红外避障传感器的检测距离函数。

步骤三：调用检测距离函数检测距离，实现对 30cm 内障碍物的检测。

任务2：红外避障传感器避障运动

任务描述

- 任务要求：智能车进行基本运动，同时采用两个红外避障传感器分别检测智能车左右两端指定距离内是否有障碍物，若遇到障碍物，则智能车改变运动方式。
- 任务效果：设计避障功能算法，使智能车检测到障碍物后绕过障碍物，沿着原来的运动方向继续前进。

一、避障运动设计

在本项目任务1中，我们掌握了红外避障传感器的工作原理，并学会了如何读取红外避障传感器的检测结果。接下来我们将根据红外避障传感器检测结果调整智能车的基本运动，完成避障功能设计，设计要求如下。

（1）将开关按下，智能车开启双侧红外避障传感器持续检测，若左侧红外避障传感器检测到障碍物，则设定智能车右转。

（2）智能车双侧红外避障传感器持续检测，若右侧红外避障传感器检测到障碍物，则设定智能车左转。

（3）智能车双侧红外避障传感器持续检测，若左右两侧红外避障传感器同时检测到障碍物，则设定智能车停止运动。

二、功能示范

参考任务1遇到障碍物的打印输出部分代码，补充开关功能代码和运动功能代码，完成遇到障碍物后调整智能车运动方向的任务。完整代码如下：

```
import RPi.GPIO as GPIO
import time
RightInfradSensor = 16
LeftInfradSensor = 12
PWMA    = 18
AIN1    = 22
AIN2    = 27
PWMB    = 23
BIN1    = 25
BIN2    = 24
BtnPin  = 19
Rpin    = 5
#智能车运动函数
def Moveforward(speed,t_time):
    L_Motor.ChangeDutyCycle(speed)
    GPIO.output(AIN2,False)
    GPIO.output(AIN1,True)
```

```
        R_Motor.ChangeDutyCycle(speed)
        GPIO.output(BIN2,False)
        GPIO.output(BIN1,True)
        time.sleep(t_time)

def Car_stop(t_time):
    L_Motor.ChangeDutyCycle(0)
    GPIO.output(AIN2,False)
    GPIO.output(AIN1,False)
    R_Motor.ChangeDutyCycle(0)
    GPIO.output(BIN2,False)
    GPIO.output(BIN1,False)
    time.sleep(t_time)

def turnleft(speed,t_time):
    L_Motor.ChangeDutyCycle(speed)
    GPIO.output(AIN2,True)
    GPIO.output(AIN1,False)
    R_Motor.ChangeDutyCycle(speed)
    GPIO.output(BIN2,False)
    GPIO.output(BIN1,True)
    time.sleep(t_time)

def turnright(speed,t_time):
    L_Motor.ChangeDutyCycle(speed)
    GPIO.output(AIN2,False)
    GPIO.output(AIN1,True)
    R_Motor.ChangeDutyCycle(speed)
    GPIO.output(BIN2,True)
    GPIO.output(BIN1,False)
    time.sleep(t_time)

def Button():
    val = GPIO.input(BtnPin)
    while GPIO.input(BtnPin) == False:
        val = GPIO.input(BtnPin)
    while GPIO.input(BtnPin) == True:
        time.sleep(0.01)
        val = GPIO.input(BtnPin)
        if val == True:
                GPIO.output(Rpin,1)
        else:
                GPIO.output(Rpin,0)
def setup():
```

```
    GPIO.setwarnings(False)
    GPIO.setmode(GPIO.BCM)
    GPIO.setup(Rpin, GPIO.OUT)
    GPIO.setup(BtnPin, GPIO.IN, pull_up_down=GPIO.PUD_UP)
    GPIO.setup(RightInfradSensor,GPIO.IN)
    GPIO.setup(LeftInfradSensor,GPIO.IN)
    GPIO.setup(AIN2,GPIO.OUT)
    GPIO.setup(AIN1,GPIO.OUT)
    GPIO.setup(PWMA,GPIO.OUT)
    GPIO.setup(BIN1,GPIO.OUT)
    GPIO.setup(BIN2,GPIO.OUT)
    GPIO.setup(PWMB,GPIO.OUT)

def loop():
    while True:
        SensorRight = GPIO.input(RightInfradSensor)
        SensorLeft = GPIO.input(LeftInfradSensor)
        if SensorLeft == True and SensorRight == True:
            Moveforward(50,0)
        elif SensorLeft == True and SensorRight ==False:
            turnleft(50,0)
        elif SensorLeft==False and SensorRight ==True:
            turnright(50,0)
        else:
            Car_stop(3)
if __name__ == "__main__":
    setup()
    Button()
    L_Motor= GPIO.PWM(PWMA,100)
    L_Motor.start(0)
    R_Motor = GPIO.PWM(PWMB,100)
    R_Motor.start(0)
    try:
        loop()
    except KeyboardInterrupt:
        L_Motor.stop()
        R_Motor.stop()
        GPIO.cleanup()
```

三、任务实践

综合设计避障功能算法，使智能车检测到障碍物后能够绕过障碍物，沿着原来的运动方向继续前进。

以方块形状的障碍物为例，避障场景及避障思路如图 5.3 所示。

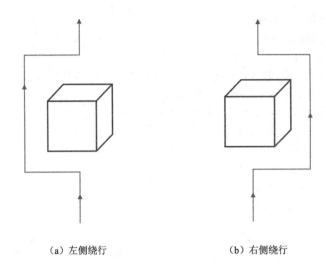

（a）左侧绕行　　　　　　　　　　　（b）右侧绕行

图 5.3　避障场景及避障思路

　　图 5.3（a）中的设计方案为智能车遇到障碍物后，从左侧绕行，最终返回原行驶路线方向，继续前进。图 5.3（b）中的设计方案为智能车遇到障碍物后，从右侧绕行，最终返回原行驶路线方向，继续前进。

项目 6　OpenCV 视觉循迹

📚 导入学习情境

通过项目 5，我们学会了如何在智能车运行过程中实现避障功能，在本项目中我们将继续引入新的 AI 功能：视觉循迹功能。视觉循迹在生活中的应用场景较为常见，如园区接驳车、旅游观光车、快递自动分配车等。本项目将实现指定路线行驶的功能。

🎓 知识目标

- 掌握 OpenCV 常用函数。
- 掌握 PCA9685 舵机驱动控制原理。
- 了解图像处理技术。
- 掌握视觉循迹的基础算法。

🎓 技能目标

- 能够使用 OpenCV 工具捕获视频并显示。
- 能够完成舵机任意角度的调整。
- 能够完成图像轮廓提取和中心坐标计算。
- 能够结合避障功能，实现循迹+避障设计。

🎓 素质目标

- 通过智能车驾驶给社会带来的科技感，提升学生的民族自豪感。
- 以智能驾驶安全性为例，引导学生珍爱生命、奋发自强。
- 通过智能车循迹驾驶的体验性、实用性，激发学生的自主探索、创新精神。

任务 1：我的自拍照

☁ 任务描述

- 任务要求：采用 OpenCV 工具和 Python 编程实现利用车载摄像头捕获"我的自拍照"，并将拍摄的照片持续显示在树莓派系统控制界面中。
- 任务效果：保存照片截图，或者以视频形式展现。照片可以为彩色或黑白色，并添加文字描述、滤镜等效果。

一、OpenCV 原理

1）OpenCV 工具

OpenCV 是一个面向计算机视觉和人工智能机器学习的软件库，OpenCV 软件图标如

图 6.1 所示，它可以在 Windows、Linux 和 Mac OS 等主流操作系统上运行。OpenCV 主要是由 C++代码编写的，提供 C++接口。目前，OpenCV 可以支持 Python、Java、C#等不同编程语言。

OpenCV 中有很多面向计算机视觉和图像处理等功能的算法库，简而言之，使用 OpenCV 库可以完成图像处理、人脸识别、运动识别等功能。

图 6.1   OpenCV 软件图标

在 Python 中要使用 OpenCV 库需要先将其导入，代码如下：

```
import cv2
```

2）OpenCV 常用函数

（1）cv2.VideoCapture()。

cv2.VideoCapture()的函数功能是摄像头捕获视频。cv2.VideoCapture()函数的参数可以有多种设置方式，cv2.VideoCapture(0)，即将参数设置为 0，表示从笔记本电脑本地摄像头捕获视频。如果将参数设置为 1，即 cv2.VideoCapture(1)，表示从 USB 接口路径获取视频。还可将 cv2.VideoCapture()函数的参数设置为具体的视频路径，这里就不再介绍了。

cv2.VideoCapture()函数是有返回值的。例如，cap = cv2.VideoCapture(0)，采用此函数获取的视频图像的默认规格是 640 像素×480 像素，如果需要调整，可以使用 cap.set()函数来设置宽和高。

举个例子，设定图像规格为 480 像素×160 像素，代码如下：

```
cap.set(3, 480)
cap.set(4, 160)
```

cv2.VideoCapture()捕获到的图像可以用 read()函数读取，代码如下：

```
cap = cv2.VideoCapture(0)
res, frame = cap.read()
```

cap.read()函数的返回值有两个，其中，res 是一个布尔变量，若读取成功，则返回 True，若读取失败，则返回 False。返回值 frame 表示图像数据，若是 RGB 图像，则 frame 就是一个三维数据矩阵。

（2）cv2.imshow()。

cv2.imshow('img1',frame)的函数功能是窗口显示图像。它有两个参数，第一个参数 img1 是字符串类型，表示窗口名称，可以根据个人编程喜好设定窗口名称。可以采用多个 cv2.imshow()函数显示多个窗口图像，但是各窗口的名称不能重复。cv2.imshow()函数的第二个参数 frame 是要显示的图像。

（3）cv2.waitKey()。

cv2.waitKey()函数表示等待键盘输入，参数单位为 ms。例如，cv2.waitKey(10)表示等待 10ms。如果将 cv2.waitKey()中的参数设置为 0，即 cv2.waitKey(0)，表示无限等待。在

cv2.waitKey()函数等待期间，若检测到按键按下，则函数返回按键对应的 ASCII 码。

（4）cv2.destroyAllWindows()。

cv2.destroyAllWindows()的函数功能是关闭所有打开的窗口。一般在程序异常中断或人为干预中断的时候调用该函数。

二、功能示范

根据 OpenCV 视频捕获及图像显示函数等，即可完成自拍照的实时显示。参考图 6.2 编码，演示源程序编码步骤。

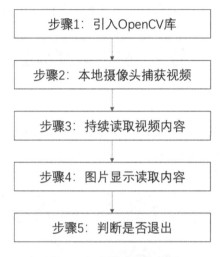

图 6.2　视频捕获编码步骤

按照上述步骤编写视频显示代码，完整代码如下：

```python
import cv2
cap = cv2.VideoCapture(0)
while True:
    res, frame = cap.read()
    cv2.imshow('me',frame)
    k = cv2.waitKey(20)
    if(k==ord('q')):
        cv2.destroyAllWindows()
        break
```

打开本地计算机 Python 编程软件，运行上述代码，查看代码运行效果，并进行总结。

三、任务实践

对照任务效果，参考功能示范，编写"任务 1：我的自拍照"的完整代码，并展示效果。任务效果解读如下。

（1）根据任务效果，保存照片截图，或者以视频形式展现。

若以视频形式保存，则不需要额外添加函数功能，直接采用功能示范程序中的代码功能即可完成任务。若需要保存照片截图，则需要在读取照片之后进行图片写操作，增加写操作函数，默认保存图片格式为 JPG。

（2）根据任务效果，照片可以为彩色或黑白色。

若为彩色效果，则不需要额外添加函数功能，若为黑白效果，则需要补充函数，对获取的图片进行灰度化操作。

（3）根据任务效果，添加文字描述、滤镜等效果。

添加函数功能，如添加照片拍摄日期、拍摄地点等信息，需要增加 CV 库中的文本添加函数。函数使用方法为在获取图片信息后，确定图片尺寸，以明确坐标制，在添加文本信息时，应在函数中确定绝对位置或相对位置，以确定具体将信息添加在哪个位置。

完成以上代码编写之后，需要将代码录入树莓派智能车中运行，观察实现效果。

任务 2：舵机角度调整

☁ 任务描述

- 任务要求：设置两个舵机的角度，使得摄像头角度为正前方向下，与水平方向的夹角为 60°，以此角度拍摄地面环境。
- 任务效果：舵机角度设置效果如图 6.3 所示。

图 6.3　舵机角度设置效果

一、舵机驱动控制原理

舵机驱动控制模块采用的是 PCA9685，它有 16 个 PWM 端口，编号为 0～15。在本任务中，智能车前端安装了两台舵机，分别控制摄像头左右转动和上下转动。控制左右转动的舵机连接在了 PWM5 号端口上，控制上下转动的舵机连接在了 PWM4 号端口上。图 6.4 所示为 PCA9685 引脚图。

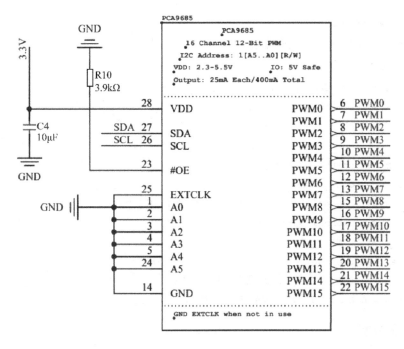

图 6.4　PCA9685 引脚图

PCA9685 芯片的硬件特点如下。

（1）每路 12 位分辨率（4096 级）的 PWM。

（2）最多 16 路 PWM 输出，所有路 PWM 的频率统一，可以独立控制每路的占空比。

（3）采用 I2C 通信方式。

（4）支持 2.3～5.5V 电压，逻辑电平为 3.3V。

（5）复位方式：上电复位、软件复位。

二、功能示范

在 Python 文件中使用 PCA9685 需要导入库，先下载 Adafruit_PCA9685 库，解压后需要将库文件放入智能车运行程序的同级目录下，导入该库的代码如下：

```
import Adafruit_PCA9685 as PCA
```

在使用舵机驱动控制模块之前需要先对其进行初始化。直接使用库中已经封装的初始化函数，参考代码如下：

```
servo = PCA.PCA9685()
```

本项目最终需要使用摄像头来完成智能车循迹功能，因此要将摄像头角度调整到固定的合适位置。编写设置舵机角度的函数为 set_servo_angle()，函数代码如下：

```
def set_servo_angle(channel,angle):
    number=4096*((angle*11)+500)/20000  #将角度转换为数值
    servo.set_pwm(channel,0,int(number))
```

参数 channel 为舵机连接的 PWM 驱动端口编号。参数 angle 为需要设定的具体角度，取值范围为 0°～180°。舵机驱动控制是通过脉冲宽度来调整角度的，一般设定 20ms 的脉冲，设置代码如下：

```
servo.set_pwm_freq(50)
```

调用舵机调整函数，设置舵机角度为正前方向下，以与水平方向呈 35° 夹角的角度拍摄地面环境。运行代码如下：

```
import Adafruit_PCA9685 as PCA
servo = PCA.PCA9685()
def set_servo_angle(channel,angle):
  number=4096*((angle*11)+500)/20000      #将角度转换为数值
  servo.set_pwm(channel,0,int(number))
def set_servo_angle(channel,angle):
  number=4096*((angle*11)+500)/20000      #将角度转换为数值
  servo.set_pwm(channel,0,int(number))
if __name__ == "__main__":
  servo.set_pwm_freq(50)
  set_servo_angle(5,90)      # 底座舵机 90°
  set_servo_angle(4,145)     # 顶部舵机 145°
```

三、任务实践

根据任务要求，需要拍摄地面环境。智能车循迹运动实验需要在对比度比较明显的环境下进行，本实验场景为白色背景下循迹黑色线。循迹路线环境如图 6.5 所示。

图 6.5 循迹路线环境

根据以上场景，实践操作步骤：

步骤一，设置舵机角度为与水平方向呈 60° 夹角。

步骤二，启动 OpenCV 摄像头拍摄功能。

步骤三，检测拍摄画面是否包含地面环境路线信息。

步骤四，调整舵机角度为合适的值，执行步骤三，重新检测，重复执行步骤三和步骤四，直到角度合适，能够捕获黑色线为止。

任务 3：视觉循迹运行

☁ 任务描述

- 任务要求：捕获地面路线轮廓，找出路线中心坐标，完成智能车遵循黑色线路行驶的算法设计，实现视觉循迹运行功能。
- 任务效果：智能车启动后，按照轨迹行驶。在行驶过程中，若出现偏离路线的情况，则需要根据偏离方向实时调整运行方式。如果在行驶过程中遇到障碍物，需要停止运行，并检测障碍物是否消失，当障碍物消失后，智能车继续运行。

一、循迹算法原理

智能车循迹运动实验需要在对比度比较明显的环境下进行，本实验场景为白色背景下循迹黑色线。

循迹功能需要智能车能够感知路线，找到黑色线所在位置。若检测到黑色线在偏智能车右边的位置，则智能车往右运动；若检测到黑色线在偏智能车左边的位置，则智能车往左运动；若检测到黑色线没有偏离，则智能车向前运动。如何检测黑色线所在位置？本项目使用 OpenCV 的库函数来实现检测黑色线的位置。

在项目 6 的任务 1 中，我们已经学习了如何利用 OpenCV 来获取图像信息，在任务 2 中，我们学习了如何调整舵机角度，可以通过调整舵机角度来调整摄像头位置，从而拍摄地面图像，进而对地面图像进行处理。

接下来我们将采用 OpenCV 图像库中的轮廓提取功能函数，来完成路线轮廓获取和中心坐标计算，下面介绍使用到的主要函数。

（1）cv2.findContours()函数。

cv2.findContours()的函数功能是找到图像轮廓，它可以有三个参数，第一个参数为要寻找轮廓的图像，这个图像必须是二值化后的图像；第二个参数是轮廓检测的具体方式；第三个参数是轮廓的保存方式。该函数通常有三个返回值，但在不同的 OpenCV 版本中，返回值的个数不一样，有些版本只有两个返回值，通常在这两个返回值中，第一个是 contours，contours 在 Python 中是一个列表，保存了轮廓的点集信息；第二个返回值是反映每个轮廓和其他轮廓间的关系的值。

（2）cv2.line()函数。

cv2.line()的函数功能是在图像中画线。cv2.line()函数的第一个参数 img 为要绘制的图，第二个参数为直线的起点，第三个参数为直线的终点，第四个参数为直线的颜色，第五个参数为线条粗细，默认为 1。

（3）cv2.drawContours()函数。

cv2.drawContours() 的函数功能为绘制图像轮廓，cv2.drawContours(img, contours, -1, (0,255,0), 1)中的第一个参数 img 为要绘制的图，第二个参数 contours 为轮廓数据信息，第三个参数-1 表示 contours 中的所有轮廓，(0,255,0)表示绘制的颜色为绿色（颜色顺序为 BGR），最后一个参数 1 表示默认的轮廓线条的粗细程度。

二、功能示范

熟悉了这几个库函数的功能之后，我们开始编写完整的循迹函数。循迹功能编写流程如图 6.6 所示。

物联网技术及应用

步骤1：初始化摄像头和舵机

↓

步骤2：调整舵机角度

↓

步骤3：持续拍摄地面图像

↓

步骤4：图像处理（滤波）

↓

步骤5：提取地面路线轮廓

↓

步骤6：提取轮廓中心位置坐标

↓

步骤7：判断中心位置是否偏离

↓

步骤8：调整智能车运行方向

图 6.6　循迹功能编写流程

步骤 1：需要开启摄像头，初始化摄像头和舵机。步骤 2：调整舵机角度，使得舵机能够完整拍摄地面。步骤 3：持续拍摄视频图像，可以采用 while True 函数，需要对获取的图像进行灰度化处理。步骤 4：图像处理，由于循迹路线环境图片会有一定的黑色干扰，因此在图片灰度化之后仍需要进行图片处理（如高斯滤波、腐蚀和膨胀处理）。步骤 5：提取地面路线轮廓。步骤 6：提取轮廓中心位置坐标，计算轮廓中心位置坐标采用 cv2.moments()函数。步骤 7：判断中心位置是否偏离。步骤 8：根据偏离情况调整智能车运行方向。

循迹函数参考代码如下：

```
def FindFollowingLine():
    cap = cv2.VideoCapture(0)
    cap.set(3,160)
    cap.set(4,120)
    while True:
        res, frame = cap.read()
        img =frame[60:120, 0:160]
        #图像灰度化
        gray = cv2.cvtColor(img, cv2.COLOR_BGR2GRAY)
        #高斯滤波
        img1 = cv2.GaussianBlur(gray,(5,5),0)
        #图像二值化处理
        res,frame1 = cv2.threshold(img1,60,255,cv2.THRESH_BINARY_INV)
        #腐蚀和膨胀处理，以去除小的误差点
```

```
frame2 = cv2.erode(frame1, None, iterations=2)
frame3 = cv2.dilate(frame2, None, iterations=2)

# 找到图像的轮廓
image,contours,hierarchy = cv2.findContours(frame3.copy(), 1, cv2.CHAIN_APP
ROX_NONE)

if len(contours) > 0:
    c = max(contours, key=cv2.contourArea)
    M = cv2.moments(c)
    cx = int(M['m10']/M['m00'])
    cy = int(M['m01']/M['m00'])
    cv2.line(img,(cx,0),(cx,720),(255,0,0),1)
    cv2.line(img,(0,cy),(1280,cy),(255,0,0),1)
    cv2.drawContours(img, contours, -1, (0,255,0), 1)
    if cx >= 110:
        turnright(50,0)
        print "Turn Right"
    if cx < 110 and cx > 50:
        Moveforward(50,0)
        print "On Track!"
    if cx <= 50:
        turnleft(50,0)
        print "Turn Left"
    else:
        print "no line"
#图像显示
cv2.imshow('frame',img)
if cv2.waitKey(1) & 0xFF == ord('q'):
    L_Motor.stop()
    R_Motor.stop()
    GPIO.cleanup()
    break
```

三、任务实践

在项目 5 中我们已经学习了如何在智能车进行基本运动的过程中驱动红外避障传感器辨别是否有障碍物。接下来我们先完成循迹功能，再扩展完成循迹+避障功能综合设计项目。

循迹+避障综合设计流程如图 6.7 所示，需要在循迹功能程序的基础上添加红外避障功能代码。在步骤 1 中需要添加红外避障传感器初始化变量设置和初始化引脚电平设置，确保红外避障传感器可使用。在步骤 3 中持续拍摄地面图像后需要添加障碍物检测判断。此步骤的添加内容的位置不固定，将其添加在其他地方也能实现同样的效果，用户可自行思考确定。

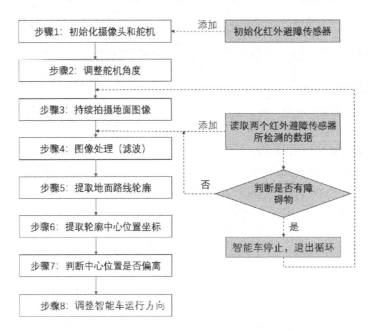

图 6.7　循迹+避障综合设计流程

获取两个红外避障传感器所检测的数据，并判断是否有障碍物，可参考如下代码：

```
SensorRight = GPIO.input(RightInfradSensor)
SensorLeft = GPIO.input(LeftInfradSensor)
if SensorLeft == False || SensorRight == False:
     Car_stop(3)
     Break
```

项目 7   Socket 通信

导入学习情境

在新时代发展中，要加快推进新型数字基础设施建设，包括 5G 网络、工业互联网、云计算平台、大数据中心及基础软件等方面的建设。近年来，5G 网络持续发展壮大，而网络传输是物联网中间层的纽带功能，感知层采集到的数据需要通过网络传输到服务器，实现对数据的实时监控和管理。

在网络传输中，通信方式有很多种，Socket 是一种套接字网络通信方式，简单易实现，在本项目中，我们将使用 Socket 通信来完成树莓派和主机之间的数据通信。

知识目标

- 掌握 Socket 通信原理。
- 学习文件处理方式。
- 掌握 Socket 发送和接收文件的方法。

技能目标

- 能够采用 Socket 通信完成服务器和客户端间的连接。
- 学会存储和发送 CSV 文件。
- 学会接收 CSV 文件并打开 CSV 文件读取内容。

素质目标

- 通过对通信协议和通信方式的介绍，加强学生的网络安全意识。
- 通过网络传输原理进行法律意识教育，引导学生不信谣、不传谣、不进行网络攻击等，不做违反法律和道德的事。

任务 1：服务器与客户端连接

任务描述

- 任务要求：采用 Socket 通信，完成服务器和树莓派智能车之间的消息传递。
- 任务效果：服务器接收树莓派智能车发送的消息并打印显示，树莓派智能车接收服务器发送的消息并打印显示。服务器和树莓派智能车能够双向通信，即不仅可以接收消息，也可以发送消息。

一、Socket 工作原理

Socket 又称套接字，应用程序通常通过套接字向网络发出请求或应答网络请求，使主机间或一台计算机上的进程间可以通信。在 Python 中，我们用 socket()函数来创建套接字。可以采用 Socket 完成服务器和树莓派智能车之间的数据通信。

Socket(family,type)函数有两个参数，参数 family 的取值含义说明如表 7.1 所示。

表 7.1 参数 family 的取值含义说明

参数 family 的取值	描　述
socket.AF_INET	IPv4
socket.AF_INET6	IPv6
socket.AF_UNIX	只能够用于单一的 UNIX 系统进程间的通信

参数 type 的取值含义说明如表 7.2 所示。

表 7.2 参数 type 的取值含义说明

参数 type 的取值	描　述
socket.SOCK_STREAM	流式 socket,for TCP 协议 （默认）
socket.SOCK_DGRAM	数据报式 socket,for UDP 协议
socket.SOCK_RAW	原始套接字，普通的套接字无法处理 ICMP、IGMP 等网络报文，而 SOCK_RAW 可以；SOCK_RAW 可以处理特殊的 IPv4 报文；利用原始套接字可以通过 IP_HDRINCL 套接字选项由用户构造 IP 报头
socket.SOCK_RDM	一种可靠的 UDP 形式，可以保证交付数据报，但是不保证按顺序交付。SOCK_RAM 用来提供对原始协议的低级访问，在需要执行某些特殊操作时使用，如发送 ICMP 报文。SOCK_RAM 通常仅限于高级用户或管理员运行的程序使用
socket.SOCK_SEQPACKET	可靠的连续数据包服务

采用 Socket 库中的 Socket 函数创建套接字，定义为 s = socket.socket(family,type)，套接字 s 包含绑定地址、发送信息、监听内容等功能，套接字功能及描述如表 7.3 所示。

表 7.3 套接字功能及描述

功　能	描　述
s.bind(address)	将套接字绑定到入参地址。address 地址的格式取决于地址族。在 AF_INET 下，以元组 (host,port)的形式表示地址
s.listen(backlog)	开始监听传入连接。backlog 指定在拒绝连接之前可以挂起的最大连接数量
s.setblocking(bool)	是否阻塞（默认为 True），如果设置为 False，那么在执行 accept()和 recv()函数时，一旦无数据，就会报错

续表

功　能	描　述
s.accept()	接收连接并返回(conn,address)，其中，conn 是新的套接字对象，可以用来接收和发送数据，address 是连接客户端的地址
s.connect(address)	连接到 address 处的套接字。一般情况下，address 的格式为元组(hostname,port)，如果连接出错，会返回 socket.error 错误
s.connect_ex(address)	同上，只不过会有返回值，连接成功时返回 0；连接失败时返回编码，如 10061
s.close()	关闭套接字连接
s.recv(bufsize[,flag])	接收套接字的数据。数据以字符串形式返回，bufsize 指定最多可以接收的数量，flag 提供有关消息的其他信息，通常可以忽略
s.recvfrom(bufsize[.flag])	与 recv()类似，但返回值是(data,address)。其中，data 是包含接收数据的字符串，address 是发送数据的套接字地址
s.send(string[,flag])	将 string 中的数据发送到连接的套接字。返回值是要发送的字节数量，该数量可能小于 string 的字节大小，即可能未将指定内容全部发送
s.sendall(string[,flag])	将 string 中的数据发送到连接的套接字，但在返回之前会尝试发送所有数据，若成功，则返回 None；若失败，则抛出异常。内部通过递归调用 send 将所有内容发送出去
s.sendto(string[,flag],address)	将数据发送到套接字，address 是形式为(ipaddr,port)的元组，指定远程地址。返回值是发送的字节数，该函数主要用于 UDP 协议
s.settimeout(timeout)	设置套接字操作的超时时长，timeout 是一个浮点数，单位是 s，值为 None 表示没有超时时长
s.getpeername()	返回连接套接字的远程地址，返回值通常是元组(ipaddr,port)
s.getsockname()	返回套接字地址，通常是一个元组(ipaddr,port)
s.fileno()	套接字的文件描述符

二、功能示范

下面将讲解如何对服务器端（本地 PC）与客户端（树莓派智能车）进行网络连接，并实现消息通信。

在服务器端，即本地 PC 上，编写 socket-server.py 模块代码，绑定指定端口号 8888，并打印成功连接的客户端的 IP 地址，成功连接后，向客户端发送"hello raspberrypi"内容。参考代码如下：

```python
import socket
# send message to raspberrypi and receive message from raspberrypi
def message_Server():
    socket_server = socket.socket(socket.AF_INET,socket.SOCK_STREAM)
    ip_port = ('172.20.10.4',8888)  #服务器 IP 地址和端口号
    print("message server starts...")
    socket_server.bind(ip_port)
    socket_server.listen(1)
    while True:
```

```
            conn, addr = socket_server.accept()
            print("message client success connected,addr is:%s"%str(addr))
            recv_data = conn.recv(1024)
            print(recv_data.decode())
            send_data = "hello raspberrypi"
            conn.send(send_data.encode())
            conn.close()
    if __name__ == "__main__":
        message_Server()
```

运行服务器端 socket-server.py 代码，socket-server.py 运行结果如图 7.1 所示。

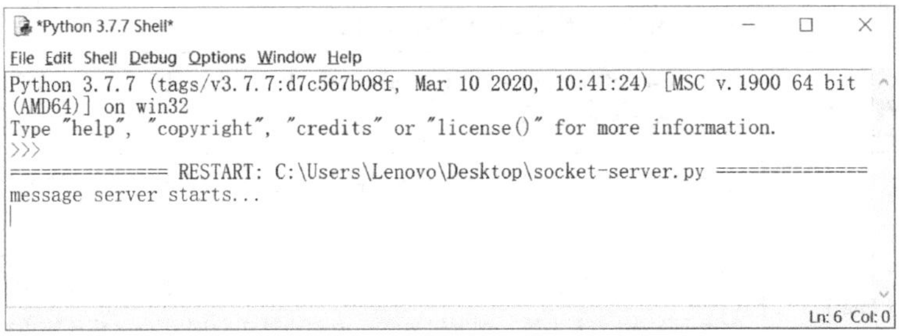

图 7.1　socket-server.py 运行结果

编写客户端（树莓派智能车）socket-client.py 模块代码，客户端连接服务器端，成功连接后，客户端发送"hello server"内容到服务器端，同时接收服务器端发送过来的内容并打印显示。参考代码如下：

```
#!/usr/bin/env python2
# -*- coding: utf-8 -*-
import socket
# send message to server
# receive message form server
def message_client():
    socket_raspberrypi = socket.socket(socket.AF_INET,socket.SOCK_STREAM)
    ip_port = ('172.20.10.4', 8888)#server ip:172.20.10.4
    print("message client starts...")

    socket_raspberrypi.connect(ip_port)
    print("message client success connected...")
    send_data = "hello server"
    socket_raspberrypi.send(send_data.encode())

    recv_data = socket_raspberrypi.recv(1024)
    print(recv_data.decode())

    socket_raspberrypi.close()
if __name__ == "__main__":
    message_client()
```

在客户端保存 socket-client.py 模块并运行，单击"运行"按钮，socket-client.py 运行结果如图 7.2 所示。

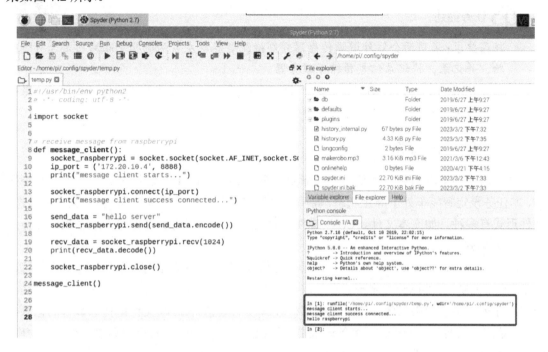

图 7.2　socket-client.py 运行结果

根据客户端的运行结果可以看出，客户端与服务器端成功连接，客户端成功接收到服务器端发送的消息"hello raspberrypi"。

服务器端运行结果如图 7.3 所示。

图 7.3　服务器端运行结果

从服务器端运行结果来看，客户端，也就是树莓派智能车（IP 地址为 172.20.10.3）与服务器端成功连接。服务器端也接收到了来自树莓派智能车发送的消息内容"hello server"，从而实现了服务器端和客户端的双向通信。

三、任务实践

根据以上演示内容，自主完成编程设计，实现客户端和服务器端间发送消息和接收消息的双向通信。发送的消息内容可以自行设定。

任务 2：将障碍物检测信息传输至服务器

☁ 任务描述

- **任务要求：** 采用两个红外避障传感器分别检测智能车左右两端指定距离内是否有障碍物，并记录，将记录信息传输至服务器。
- **任务效果：** 智能车端保存障碍物检测信息到文件中，同时将其传输至服务器端，服务器端每隔 10s 显示一次障碍物检测信息，同时，服务器端保存文件。

一、CSV 文件操作

从障碍物检测项目中，我们可以了解到当前树莓派智能车在运行过程中是否遇到障碍物，本任务设定智能车处于静止状态，将障碍物检测信息保存成文件形式，并传输至服务器。文件形式有多种，如文本文件、CSV 文件、数据库文件、二进制文件等。这里我们先介绍 CSV 文件格式。

CSV（Comma-Separated Values，逗号分隔值），有时也称为字符分隔值，分隔字符可以不是逗号，CSV 文件以纯文本形式存储表格数据（数字和文本）。纯文本意味着该文件是一个字符序列，不包含必须像二进制数字那样被解读的数据。CSV 文件由任意数目的记录组成，记录间以某种换行符分隔；每条记录由字段组成，字段间的分隔符是其他字符或字符串，常见的有逗号、制表符等。

我们采用 Python 中的 open()函数对文件进行打开操作。Open()函数有八个参数，通常使用其中的两个，第一个为 file，即打开文件名称，第二个为 mode，即以何种模式打开文件。mode 形式有很多，mode 含义说明如表 7.4 所示。

表 7.4　mode 含义说明

mode 字符串	说　　明
r	读取模式（默认）
w	写入模式，会清空文件内容
x	只有在文件不存在时才以写入模式创建并打开新文件，若文件已存在会提示 FileExistsError
a	追加模式，若文件已存在，写入的内容会附加到文件尾端
b	二进制模式
t	文本模式（默认）
+	更新模式（读取与写入）

以上模式可叠加实现，如字符串 rb 表示以二进制形式打开读取文件。

Python 中内置了 CSV 模块，可直接通过该模块实现 CSV 文件的读写操作，在 Python 中使用 CSV 模块，不需要另外安装，直接导入 CSV 库即可，导入方式如下：

```
import csv
```

下面介绍 CSV 文件的保存和读取方法。

1）保存为 CSV 文件

保存为 CSV 文件采用 csv.writer()函数，csv.writer()方法返回一个 writer 对象，该对象为将数据写入 CSV 文件的写入器对象。写入器对象的 writerow()函数可以将一个列表全部写入 CSV 文件的同一行，入参为列表名称。写入器对象的 writerows()函数将所有给定的行写入 CSV 文件，直接生成多行文件内容，入参为列表名称。

举个例子，假设红外避障传感器检测到的障碍物检测信息存放在 bizhang_state 列表中，将初始状态均设置为 1。将障碍物检测信息保存为 bizhang.csv 文件，调用写入器对象的 writerow()函数进行写入保存，参考代码如下：

```
import csv
leftstate = 1
rightstate = 1
bizhang = ['left state','right state']
bizhang_state = [leftstate,rightstate]
#save a csv file
with open('bizhang.csv','w') as f:
    f_csv = csv.writer(f)
    f_csv.writerow(bizhang)
    f_csv.writerow(bizhang_state)
```

在树莓派系统中，采用 spyder 运行以上代码，将生成 bizhang.csv 文件，双击打开文件，bizhang.csv 文件内容如图 7.4 所示。

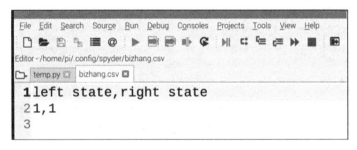

图 7.4　bizhang.csv 文件内容

若调用写入器对象的 writerows()函数进行写入保存，则修改 bizhang 列表和 bizhang_state 列表，将其合并为一个二维列表 bizhang1，参考代码如下：

```
import csv
leftstate = 1
rightstate = 1
bizhang1 = [['left state','right state'],[leftstate,rightstate]]
#save a csv file
with open('bizhang1.csv','w') as f:
    f_csv = csv.writer(f)
    f_csv.writerows(bizhang1)
```

运行以上代码，生成 bizhang1.csv 文件，双击打开文件，结果和图 7.4 中的内容一致。因此这两种方式都可以使用。需要注意的是，若生成的文件产生空行，则可以修改"with open('bizhang1.csv','w') as f:"为"with open('bizhang.csv','w', newline='') as f:"。

2）读取 CSV 文件

读取 CSV 文件采用 csv.reader(file)函数，参数 file 表示要读取的文件。该函数有返回值，将返回一个遍历 CSV 文件各行的读取器对象。

举个例子，采用 csv.reader()函数读取刚才生成的 bizhang.csv 文件，并逐行打印出来，参考代码如下：

```
import csv
#get csv file data
with open('bizhang.csv') as f:
    f_csv = csv.reader(f,delimiter=',')
    for row in f_csv:
        print(row)
```

在树莓派系统中采用 spyder 运行以上代码，将读取 bizhang.csv 文件，并打印显示，如图 7.5 所示。

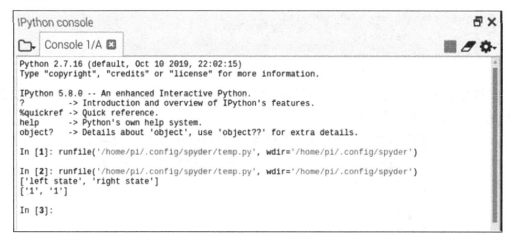

图 7.5 读取 bizhang.csv 文件并打印显示

二、功能示范

接下来，我们将现场采集障碍物检测信息，并保存 CSV 文件到树莓派端，然后通过在上一个任务中所学的服务器端和客户端间的连接内容，实现服务器端和客户端的双向文件传输功能。

该操作分为三步，步骤如下。

（1）树莓派智能车采集障碍物检测信息，保存为 CSV 文件。

参考障碍物检测项目，采集障碍物检测信息，设定有障碍物，状态为 1；无障碍物，状态为 0。将障碍物检测信息存放在 bizhang_state 列表中，每隔 5s 检测一次数据，并保存为 bizhang.csv 文件。完整代码如下：

```
#!/usr/bin/env python2
# -*- coding: utf-8 -*-
import csv
```

```python
import RPi.GPIO as GPIO
import time
RightInfradSensor = 16
LeftInfradSensor = 12
bizhang = ['left state','right state']
def setup():
    GPIO.setwarnings(False)
    GPIO.setmode(GPIO.BCM)
    GPIO.setup(RightInfradSensor,GPIO.IN)
    GPIO.setup(LeftInfradSensor,GPIO.IN)
def loop():
    while True:
        SensorRight = GPIO.input(RightInfradSensor)
        SensorLeft = GPIO.input(LeftInfradSensor)
        if SensorLeft == True and SensorRight == True:
            leftstate = 0
            rightstate = 0
        elif SensorLeft == True and SensorRight ==False:
            leftstate = 0
            rightstate = 1
        elif SensorLeft==False and SensorRight ==True:
            leftstate = 1
            rightstate = 0
        else:
            leftstate = 1
            rightstate = 1
        bizhang_state = [leftstate,rightstate]
        #save a csv file
        with open('bizhang.csv','w') as f:
            f_csv = csv.writer(f)
            f_csv.writerow(bizhang)
            f_csv.writerow(bizhang_state)
        time.sleep(5)
if __name__ == "__main__":
    setup()
    try:
        loop()
    except KeyboardInterrupt:
        GPIO.cleanup()
```

查看同级目录下 bizhang.csv 文件的生成效果，在 spyder 中双击文件即可打开文件，CVS
文件内容如图 7.6 所示。注意，如果进入文件夹或采用其他编辑器打开文件，那么显示效果
是不一样的，但这不会影响功能。

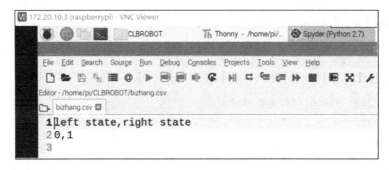

图 7.6　CSV 文件内容

（2）服务器端接收 CSV 文件。

在服务器端编写代码，首先需要和客户端建立连接，当连接成功后，开始接收 bizhang.csv 文件内容，打印显示并进行写保存，保存为服务器本地 CSV 文件，参考代码如下：

```python
import socket
# send message to raspberrypi
# receive message from raspberrypi
buffer_size = 1024
filename = "bizhang.csv"
def message_Server():
    socket_server = socket.socket(socket.AF_INET,socket.SOCK_STREAM)
    ip_port = ('172.20.10.4',8888)
    print("message server starts...")

    socket_server.bind(ip_port)
    socket_server.listen(1)

    while True:
        conn, addr = socket_server.accept()
        print("message client success connected,addr is:%s"%str(addr))

        with open(filename,"wb") as f:
            readdata = conn.recv(buffer_size)
            print(readdata)
            if not readdata:
                break
            f.write(readdata)

        conn.close()
    socket_server.close()
if __name__ == "__main__":
    message_Server()
```

在本地 PC 上运行以上代码后，如图 7.7 所示，此时服务器正在等待和树莓派端连接。

```
*Python 3.7.7 Shell*                                          —    □    ×
File  Edit  Shell  Debug  Options  Window  Help
Python 3.7.7 (tags/v3.7.7:d7c567b08f, Mar 10 2020, 10:41:24) [MSC v.1900 64 bit
(AMD64)] on win32
Type "help", "copyright", "credits" or "license()" for more information.
>>>
== RESTART: C:\Users\Administrator\Desktop\socket-server-recvbizhangcsvfile.py =
message server starts...
|
                                                                    Ln: 6  Col: 0
```

图 7.7 服务器正在等待和树莓派端连接的显示

（3）树莓派端发送 CSV 文件。

树莓派端通过 Socket 连接服务器端，服务器端的 IP 地址为 172.20.10.4，端口号为 8888。编写 message_client()函数连接服务器端，并读取步骤（1）中生成的 bizhang.csv 文件，采用 sendall()函数将内容发送到服务器端：

```python
#!/usr/bin/env python2
# -*- coding: utf-8 -*-
import socket
buffer_size = 1024
filename = "bizhang.csv"

def message_client():
    socket_raspberrypi = socket.socket(socket.AF_INET,socket.SOCK_STREAM)
    ip_port = ('172.20.10.4', 8888)#server ip:172.20.10.4
    print("message client starts...")
    socket_raspberrypi.connect(ip_port)
    print("message client success connected...")

    with open(filename,"rb") as f:
        senddata = f.read(buffer_size)
        print(senddata)
        if not senddata:
            exit(0)
        socket_raspberrypi.sendall(senddata)
    socket_raspberrypi.close()
if __name__ == "__main__":
    message_client()
```

在树莓派端运行以上代码，如图 7.8 所示。

查看服务器端的运行效果，可以看到，服务器端接收 CSV 文件的显示效果如图 7.9 所示，说明正常接收到了 bizhang.csv 文件的内容。

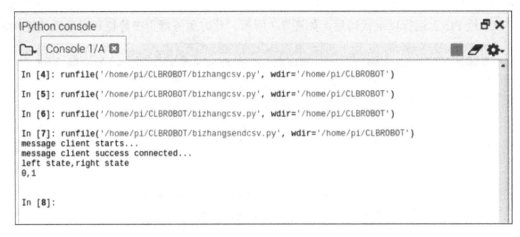

图 7.8　在树莓派端读取 CSV 文件的显示效果

```
message server starts...
message client success connected,addr is:('172.20.10.3', 57116)
b'left state,right state\r\n0,1\r\n'
```

图 7.9　服务器端接收 CSV 文件的显示效果

此时，我们还可以查看服务器端代码的同级目录，发现也生成了 bizhang.csv 文件，双击打开文件，如图 7.10 所示。

图 7.10　打开 CSV 文件的显示效果

通过前面的三步操作，从树莓派系统中实时采集障碍物检测信息，并保存为 bizhang.csv 文件，树莓派端通过 Socket 和服务器端建立连接，并发送 bizhang.csv 文件内容到服务器端，服务器端运行接收到的代码，查看接收到的 bizhang.csv 文件内容是否正常。至此，我们已经完成了将障碍物检测信息传输至服务器端的功能。

三、任务实践

刚才我们已经完成将障碍物检测信息传输至服务器端的功能，是分步完成的，接下来我们将功能升级，每隔 10s 实时采集一次障碍物检测信息，并保存文件，然后发送到服务器端，服务器端每隔 10s 接收一次障碍物检测信息，并保存为 CSV 文件形式。

客户端采集障碍物检测信息的效果如图 7.11 所示，在采集数据的过程中，可以人为干预红外避障传感器的障碍物检测信息，如给左侧红外避障传感器增加障碍物测试。

```
Console 1/A  ✕                                       ■ ⟋ ✿

In [4]: runfile('/home/pi/CLBROBOT/bizhangxunhuanfa.py', wdir='/home/pi/CLBROBOT')
message client starts...
message client success connected...
left state,right state
0,1

left state,right state
0,1

left state,right state
0,1

left state,right state
0,1

left state,right state
0,1

left state,right state
0,1

left state,right state
0,1

left state,right state
1,1
```

图 7.11　客户端采集障碍物检测信息的效果

服务器端采集障碍物检测信息的效果如图 7.12 所示。

```
message server starts...
message client success connected,addr is:('172.20.10.3', 57202)
b'left state,right state\r\n0,1\r\n'
b'left state,right state\r\n0,1\r\n'
b'left state,right state\r\n0,1\r\n'
b'left state,right state\r\n0,1\r\n'
b'left state,right state\r\n0,1\r\n'
b'left state,right state\r\n0,1\r\n'
b'left state,right state\r\n0,1\r\n'
b'left state,right state\r\n1,1\r\n'
```

图 7.12　服务器端采集障碍物检测信息的效果

项目 8　MQTT 通信

📚 导入学习情境

MQTT（Message Queuing Telemetry Transport，消息队列遥测传输）是基于发布/订阅模式的消息协议，其设计理念为用最小的代码脚本和最小的网络带宽连接远程设备。与 HTTP 协议一样，MQTT 协议也是应用层协议，因为具有轻量、简单、开放和易于实现等特点，所以目前被广泛应用于自动驾驶、工业、智慧城市等物联网领域中。

🎓 知识目标

- 熟悉 MQTT 通信协议。
- 掌握发布消息的设置方法。
- 掌握订阅消息的设置方法。

🎓 技能目标

- 能够在 PC 端和树莓派端安装相关环境，连接公共服务器。
- 能够完成指定主题消息发布。
- 能够完成指定主题消息订阅。

🎓 素质目标

- 通过 MQTT 通信协议的特点，引导学生在解决问题时提高社会服务意识。
- 从消息发布和订阅的可靠性方面引导学生注重信息安全。

任务 1：连接公共服务器

☁️ 任务描述

- 任务要求：采用 MQTT 通信协议，实现本地 PC 端和树莓派端连接公共服务器。
- 任务效果：打印显示连接服务器状态标志。

一、MQTT 通信协议

物联网领域的通信协议并没有一个统一的标准，比较常见的协议有 MQTT、CoAP、DDS、

XMPP 等，而 MQTT 协议的应用较为广泛，很多物联网云平台都支持 MQTT 通信协议。

MQTT 发布/订阅架构图如图 8.1 所示。

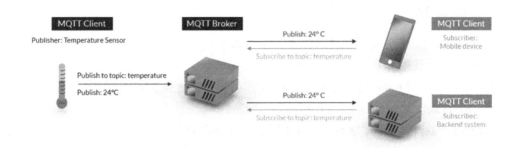

图 8.1 MQTT 发布/订阅架构图

MQTT 是一种基于客户-服务器结构的消息传输协议，从图 8.1 中可以看出，MQTT 架构包含 MQTT Broker 及多个 MQTT Client。在 MQTT 通信协议中有三种身份：发布者（Publisher）、代理（Broker，服务器）、订阅者（Subscriber）。其中，消息的发布者和订阅者都是客户端，消息代理是服务器端，消息发布者可以同时是订阅者。服务器端负责接收客户端的消息，并根据主题将接收到的消息发布到已订阅的客户端，所有客户端都可以发布主题和订阅主题。下面我们将详细说明 MQTT 发布/订阅模式的 4 个主要组成部分：发布者、订阅者、代理和主题。

（1）发布者（Publisher）。

发布者负责将消息发布到主题上，发布者一次只能向一个主题发送数据，发布者发布消息时无须关心订阅者是否在线。

（2）订阅者（Subscriber）。

订阅者通过订阅主题接收消息，且可以一次订阅多个主题。MQTT 还支持通过共享订阅的方式在多个订阅者之间实现订阅的负载均衡。

（3）代理（Broker）。

代理负责接收发布者的消息，并将消息转发至符合条件的订阅者。另外，代理需要处理客户端发起的连接、断开连接、订阅、取消订阅等请求。

（4）主题（Topic）。

主题是 MQTT 进行消息路由的基础，它类似 URL 路径，使用斜杠"/" 进行分层，如 sensor/temperature。一个主题可以有多个订阅者，代理服务器会将该主题下的消息转发给所有订阅者；一个主题也可以有多个发布者，代理将按照消息到达的顺序转发。

对于消息传递，大家不得不关心的就是消息的可靠性，也就是消息发布服务质量（QoS），MQTT 支持三种消息发布服务质量。

（1）"至多一次"（QoS==0），消息发布完全依赖底层 TCP/IP 网络，会发生消息丢失或重复等情况。这一级别可用于环境传感器数据，丢失一次读记录无所谓，因为不久后还会发送第二次。

（2）"至少一次"（QoS==1），确保消息到达，但可能会发生消息重复等情况。

（3）"只有一次"（QoS==2），确保消息到达一次。这一级别可用于计费系统中，消息重复或丢失会导致不正确的结果。QoS==2 表示小型传输，开销很小（固定长度的头部是 2 字节），协议交换最小化，以降低网络流量。

二、功能示范

能够搭建 MQTT 服务器的软件有很多，示例如下。
- Mosquitto，使用 C 语言实现的 MQTT 服务器。
- EMQX，使用 Erlang 语言开发的 MQTT 服务器，内置强大的规则引擎，支持许多其他 IoT 协议，如 MQTT-SN、CoAP、LwM2M 等。

EMQX 是一款开放源码，无论是产品原型设计、物联网创业公司，还是大规模的商业部署，EMQX 都支持开源免费使用的基础软件，同时它提供了一个免费共享服务器，可以用来进行测试学习等，因此这里选择使用 EMQX 服务器来进行项目开发和测试。

我们将完成本地 PC 和树莓派智能车通过共享服务器进行双向发布和订阅消息的任务。本地 PC 发布主题，树莓派智能车订阅该主题，测试是否能收到发布的主题，反向亦可测试，发布订阅路径如图 8.2 所示。

图 8.2　发布订阅路径

要完成 MQTT 的发布和订阅操作，需要先安装 MQTT 的软件库。首先，我们在本地 PC 的 Windows 系统上安装 paho-mqtt 库。本地 PC 中已经安装了 Python 软件及 pip 工具，因此可以直接找到 pip 所在路径，进入 cmd 模式，然后输入以下指令：

```
pip3 install paho-mqtt
```

在本地 PC 上安装 MQTT 库，如图 8.3 所示，显示成功安装了 paho-mqtt-1.6.1 版本。

图 8.3　在本地 PC 上安装 MQTT 库

接下来，我们在树莓派智能车上安装 paho-mqtt 库。在树莓派智能车上也可以用 pip 工具进行安装，直接打开终端，输入以下指令：

```
pip3 install paho-mqtt
```

项目 8 MQTT 通信

在树莓派智能车上成功安装 MQTT 库，如图 8.4 所示，显示成功安装了 paho-mqtt-1.6.1 版本。若树莓派智能车上没有 pip 工具，则需要下载 paho-mqtt 库的安装包，解压后再进行安装，这里不再详细介绍，可自行参考其他第三方库的安装方式。

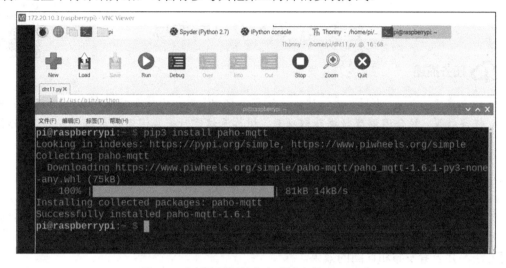

图 8.4　在树莓派智能车上成功安装 MQTT 库

安装完成后，我们先来测试一下 EMQX 的免费共享服务器是否可以正常连接使用，免费共享服务器的代理地址为 broker.emqx.io，端口号为 1883，设置与代理通信之间允许的最长时间段（以 s 为单位）为 60s。编写 on_connect 函数，判断连接状态标志 rc 的值，如果为 0，表示成功连接，参考代码如下：

```
import paho.mqtt.client as mqtt
def on_connect(client, userdata, flags, rc):
    if rc == 0:
        print("Connected broker success")
    else:
        print(f"Connected broker fail with code {rc}")


client = mqtt.Client()
client.on_connect = on_connect
client.connect("broker.emqx.io", 1883, 60)
client.loop_forever()
```

运行以上程序后，如图 8.5 所示，表示连接公共服务器成功。

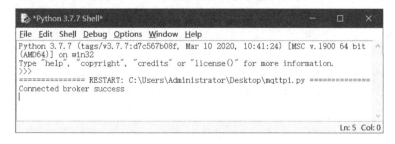

图 8.5　连接公共服务器成功

95

三、任务实践

参考以上内容，编写树莓派端连接公共服务器的代码，并运行代码，打印输出连接效果。

任务 2：发布及订阅消息

🔄 任务描述

- 任务要求：采用 MQTT 通信协议，实现本地 PC 端和树莓派端双向发布和订阅消息。
- 任务效果：结合温湿度数据获取项目，树莓派端实时采集温湿度数据并发布数据到指定主题中，本地 PC 端通过订阅该主题获取实时温湿度数据。

一、发布及订阅函数

树莓派端和 PC 端相对服务器都属于客户端，都可以实现发布和订阅功能。接下来我们首先来实现树莓派端订阅主题，本地 PC 端发布主题，从而学习发布函数和订阅函数的具体使用方法，并查看发布和订阅的效果。

1）本地 PC 端发布主题

MQTT 只传输字符串信息，我们定义 topic = "pi4b/test"，发布信息到该主题下，信息内容为两条，分别为"hello world"和 msg=0～1000 之间的一个随机数，并转存为 JSON 格式。

消息格式的设置如下：

```
info = {
            'msg1': 'Hello world',
            'msg2': 'msg {0}'.format(random.randint(0, 1000))
        }
msg = json.dumps(info)
```

发布消息采用 publish()函数，该函数需要指定入参，包含 topic（主题）、payload（消息内容，JSON 格式）、qos（传输质量），retain=True（默认 retain=False，一个 topic 只能有一个 retain 消息，后设置的消息会覆盖前面的消息）。publish()函数存在返回值，如果返回值为 0，表示发布成功。完整代码如下：

```
import time
import json
import random
from paho.mqtt import client as mqtt_client
broker = 'broker.emqx.io'
port = 1883
keepalive = 60
topic = "pi4b/test"  # 消息主题
client_id = f'python-mqtt-send-{random.randint(0, 1000)}'


def connect_mqtt():
    def on_connect(client, userdata, flags, rc):
```

```
            if rc == 0:
                print("Connected to broker successfully!")
            else:
                print("Failed to connect broker, return code {0}".format(rc))
    # 连接 MQTT 代理服务器，并获取连接引用
    client = mqtt_client.Client(client_id)
    client.on_connect = on_connect
    client.connect(broker, port, keepalive)
    return client


def publish(client):
    while True:
        time.sleep(4)
        info = {
            'msg1': 'Hello world',
            'msg2': 'msg {0}'.format(random.randint(0, 1000))
        }
        msg = json.dumps(info)
        result = client.publish(topic=topic, payload=msg, qos=0, retain=True)
        if result[0] == 0:
            print("Send {0} to topic {1}".format(msg, topic))
        else:
            print("Failed to send message {0} to topic {1}".format(msg, topic))


if __name__ == "__main__":
    client = connect_mqtt()
    # 运行一个线程来自动调用 loop() 函数处理网络事件，非阻塞
    client.loop_start()
    publish(client)
```

将以上代码保存为 pcpub.py，稍后运行。

2）树莓派端订阅主题

订阅消息采用 subscribe()函数，入参有两个，topic（主题）、qos（传输质量）。我们还需要编写 on_message 函数，赋值给 client.on_message，作为客户端消息函数的实例。on_message 的函数功能为打印收到的消息，采用 json.loads 函数下载消息内容。完整代码如下：

```
import random
from paho.mqtt import client as mqtt_client
import json


broker = 'broker.emqx.io'
port = 1883
keepalive = 60
topic = "pi4b/test"    #和发布的主题保持一致
client_id = f'python-mqtt-subscribe-{random.randint(0, 1000)}'
```

```
# 可自定义，但要注意客户端 ID 不能重复
def connect_mqtt():
    def on_connect(client, userdata, flags, rc):
        if rc == 0:
            print("Connected to broker successfully!")
        else:
            print("Failed to connect broker, return code {0}".format(rc))

    client = mqtt_client.Client(client_id)
    client.on_connect = on_connect
    client.connect(broker, port, keepalive)
    return client


def subscribe(client: mqtt_client):
    def on_message(client, userdata, msg):
        data = json.loads(msg.payload)  # data 是字典格式，payload 是 JSON 数据格式
        print("Received message from topic {0} ".format(msg.topic))
        print("The message have {0} information".format(len(data)))
        print("The information is '{0}'".format(data))
    client.subscribe(topic=topic, qos=0)
    client.on_message = on_message


if __name__ == "__main__":
    client = connect_mqtt()
    subscribe(client)
    client.loop_forever()# 保持 loop() 调用
```

将以上代码保存为 pisub.py。

二、功能示范

接下来运行代码，展示效果。先来运行 PC 端 pcpub.py，成功连接公共服务器后，PC 端开始持续发布消息到主题 pi4b/test 中，pcpub.py 运行效果如图 8.6 所示。

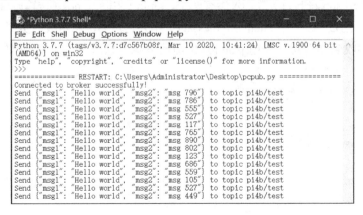

图 8.6　pcpub.py 运行效果

树莓派端运行 pisub.py，运行后打印接收到的订阅消息，pisub.py 运行效果如图 8.7 所示。

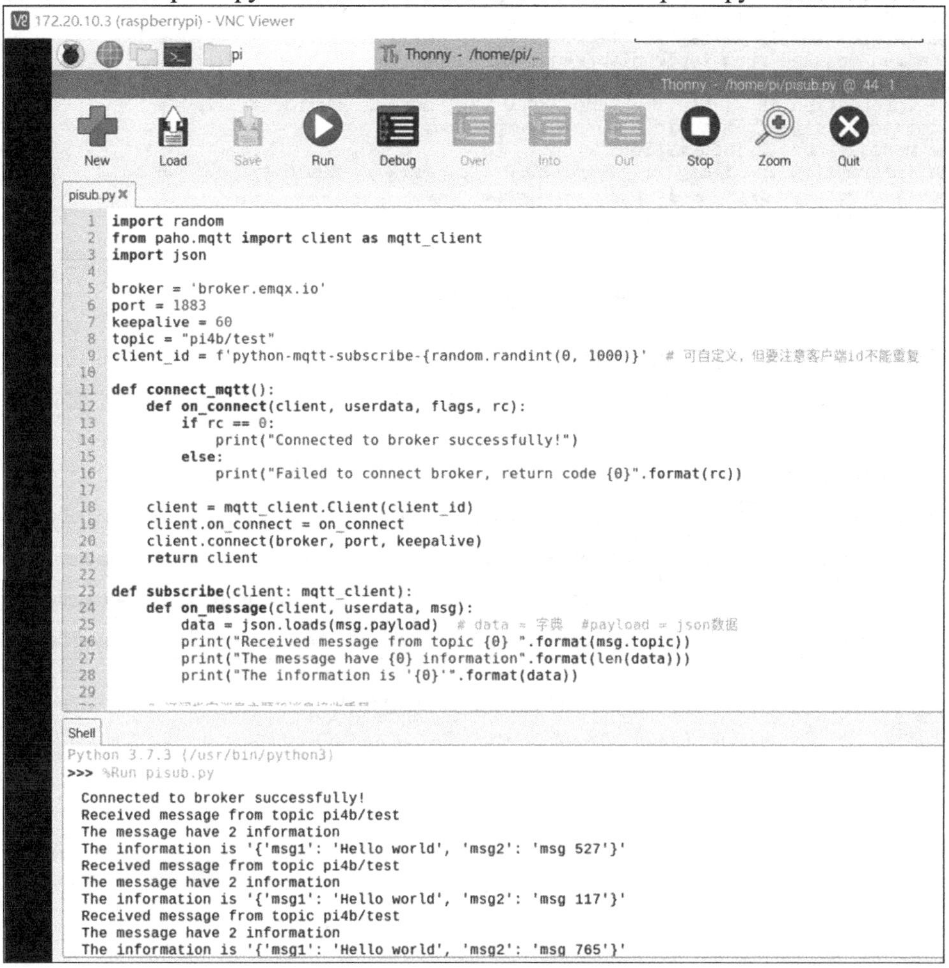

图 8.7 pisub.py 运行效果

三、任务实践

通过前面的功能示范，我们已经能够实现通过 MQTT 通信协议进行 PC 端和树莓派端间的通信，在功能示范中，我们采用 PC 端发布消息，采用树莓派端订阅消息，接下来我们将要编写代码完成反向通信，为了让通信内容更加真实和具体，我们综合温湿度检测项目的功能，发布信息为实时采集的温湿度数据，具体代码如下：

```
info = {
        'msg1':'Temperature is {0:0.1f} C'.format(temperature),
        'msg2':'Humidity is {0:0.1f} %'.format(humidity)
    }
```

实践项目的具体任务要求：树莓派端实时采集温湿度数据，将温湿度数据作为消息内容，通过 MQTT 通信协议发布到主题 pi4b/sendtempandhum 下，同时 PC 端编写订阅函数代码，实现订阅主题 pi4b/sendtempandhum 的内容，并打印输出消息内容。PC 端代码运行效果如图 8.8 所示。

```
Connected to MQTT successfully!
Received message from topic pi4b/sendtempandhum
The message have 2 information
The information is '{'msg1': 'Temp: 21.0 C', 'msg2': 'Humidity: 48.0 %'}'
Received message from topic pi4b/sendtempandhum
The message have 2 information
The information is '{'msg1': 'Temp: 20.0 C', 'msg2': 'Humidity: 47.0 %'}'
Received message from topic pi4b/sendtempandhum
The message have 2 information
The information is '{'msg1': 'Temp: 20.0 C', 'msg2': 'Humidity: 47.0 %'}'
Received message from topic pi4b/sendtempandhum
The message have 2 information
The information is '{'msg1': 'Temp: 20.0 C', 'msg2': 'Humidity: 47.0 %'}'
```

图 8.8　PC 端代码运行效果

树莓派端代码运行效果如图 8.9 所示。

```
Shell
>>> %Run senddhtlltopc.py
  Connected to MQTT successfully!
  Temp: 21.0 C Humidity: 48.0 %
  Send {"msg1": "Temp: 21.0 C", "msg2": "Humidity: 48.0 %"} to topic pi4b/sendtempandhum
  Temp: 20.0 C Humidity: 47.0 %
  Send {"msg1": "Temp: 20.0 C", "msg2": "Humidity: 47.0 %"} to topic pi4b/sendtempandhum
  Temp: 20.0 C Humidity: 47.0 %
  Send {"msg1": "Temp: 20.0 C", "msg2": "Humidity: 47.0 %"} to topic pi4b/sendtempandhum
  Temp: 20.0 C Humidity: 47.0 %
  Send {"msg1": "Temp: 20.0 C", "msg2": "Humidity: 47.0 %"} to topic pi4b/sendtempandhum
```

图 8.9　树莓派端代码运行效果

项目 9 服务器 Web 显示

📚 导入学习情境

物联网系统从感知层数据采集到网络层数据传输，最后到应用层实现监控、管理、跟踪、识别，包含了物联网整体架构。在应用层，我们可以采用 Web 实现远程访问、浏览、观看智能物联网设备，从而快捷、方便地监控和管理该设备。

🎓 知识目标

- 熟悉物联网云平台的架构。
- 掌握物联网云平台中设备注册、属性设置、产品和设备的状态查询方法。
- 掌握将设备数据上报物联网云平台的方法。

🎓 技能目标

- 能够创建物联网云平台接入实例。
- 能够完成真实设备的物联网云平台接入。
- 能够实现将真实设备采集的数据上报至物联网云平台并显示。

🎓 素质目标

- 通过国产云平台的发展，激发学生的爱国热情。
- 通过华为芯片开发培养学生追求科技强国、科技创新和努力奋斗的思想。

任务 1：物联网云平台注册设备

☁ 任务描述

- 任务要求：注册物联网云平台，创建产品、注册设备。
- 任务效果：在物联网云平台中，创建物联网设备接入实例，并在实例中创建产品和注册设备，根据通过温湿度传感器获取温湿度数据的真实案例情况设置设备属性。

一、华为云平台

物联网云平台是指通过云计算、大数据分析、物联网通信技术等手段，将各种设备、传感器等智能化产品互联互通，实现设备之间的数据共享和交互。现在，国内外的物联网云平台百花齐放，国外物联网云平台有亚马逊 AWS IoT、微软 Azure IoT、IBM Watson IoT、ThingSpeak 等，国内物联网云平台有阿里云、百度云、华为 IoT、移动 OneNET 等。

不同平台的实现机制和使用方法不同，我们以华为云作为本项目的平台进行开发和测试，演示操作使用的是华为云免费试用版。首次使用华为云时需要注册账号，这里就不演示操作了。

在华为云平台主页面的菜单栏中选择"产品"→"IoT 物联网"→"设备接入 IoTDA HOT"，如图 9.1 所示。

图 9.1　华为云平台主页面

"设备接入 IoTDA HOT"是华为云的物联网云平台，提供海量设备连接上云、设备和云端双向消息通信、批量设备管理、远程控制和监控、OTA 升级等功能，并可将设备数据灵活流转到华为云其他服务。

华为云免费试用版可能会存在变更，当前试用版为标准版，除了标准版，还有基础版、企业版等版本，其基本功能是类似的，下面我们采用标准版进行测试开发。在标准版中可以免费创建一个实例单元，自定义实例名称，创建完成后会生成接入信息，包含应用接入和设备接入两种类型，其中，应用接入类型的接入协议支持 HTTPS、MQTTS、AMQPS，设备接入类型的接入协议支持 CoAP/CoAPS、MQTT/MQTTS、HTTPS。每种接入协议的端口号和接入地址也会显示出来，当后面需要使用的时候直接复制即可。设备接入实例的接入信息如图 9.2 所示。

图 9.2　设备接入实例的接入信息

二、功能示范

本项目的最终任务为实时采集数据并在云平台网页中显示。采集数据为 DHT11 温湿度传感器获取的当前室内温湿度数据。要使用平台查看树莓派端连接的 DHT11 温湿度传感器上报的数据信息，并对设备进行管理控制，需要完成以下步骤。

步骤一：创建产品，开发产品模型（Profile）。定义 Profile，使平台理解该款产品支持的属性、命令等信息。

步骤二：在云平台中定义产品并注册设备。

步骤三：设备侧开发，设备侧可以通过集成 SDK、模组或原生协议接入物联网云平台。

步骤四：在线调试。

下面我们将要完成在平台上注册设备，也就是步骤一和步骤二的功能，先创建产品，再在产品属性下完成设备属性及设备命令等相关注册任务。

1）创建产品

在开发产品模型前需要创建产品，单击设备接入中标准版菜单中的产品栏目，如图 9.3 所示，单击图 9.3 中右上角的"创建产品"按钮。

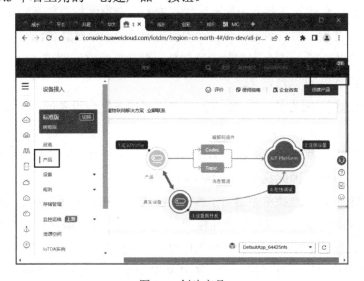

图 9.3　创建产品

单击"创建产品"按钮后会弹出以下窗口，如图 9.4 所示，填写"创建产品"信息。

图 9.4　填写"创建产品"信息

（1）"所属资源空间"，在下拉菜单中选择"所属资源空间"。若无对应的资源空间，可以先创建资源空间，单击设备接入中标准版菜单中的资源空间栏目创建资源空间。在用户首次开通设备接入服务时，物联网云平台自动为用户创建了一个默认资源空间，在默认资源空间中，每个实例仅有一个，不允许删除，我们使用默认资源空间即可。

（2）"产品名称"，可以自定义。

（3）"协议类型"，因为是使用 MQTT 通信协议接入平台设备的，所以选择 MQTT 通信协议。

（4）"数据格式"，数据格式可以是二进制格式，也可以是 JSON 格式，采用二进制格式时需要部署编解码插件，因此我们选择 JSON 格式。

（5）"设备类型"，下拉菜单中给出了各种设备类型，根据实际情况填写即可。

创建好产品后，可以自定义开发产品模型。在设备接入标准版实例的产品菜单栏中单击"产品"，选择"模型定义"。可以选择"导入库模型"，也可以自定义，我们选择自定义方式，单击"添加服务"按钮，设置"服务 ID"和"服务类型"，"服务 ID"可以自定义，这里设

置为 "smarthome", "服务类型" 也设置为 "smarthome", 如图 9.5 所示。

图 9.5 "添加服务" 界面

添加服务之后，在服务列表中就会显示已添加的服务。下一步，新增属性，后续可以通过属性进行信息上报，单击 "新增属性" 按钮，弹出 "新增属性" 界面，如图 9.6 所示。

图 9.6 "新增属性" 界面

这里新增两个属性，属性名称分别是 "temperature" 和 "humidity"。根据温湿度实际数据选择小数类型，访问方式为 "可读，可写"。取值范围根据实际情况设定即可。设置完成后，新增温湿度属性显示如图 9.7 所示。

图 9.7　新增温湿度属性显示

2）注册设备

设备为归属于某个产品下的设备实体，每个设备具有唯一的标识码。设备可以是直连物联网云平台的设备，也可以是代理子设备连接物联网云平台的网关。在物联网云平台注册实体设备，平台会分配设备 ID 和密钥，这样设备就可以接入物联网云平台，实现与平台的通信及交互了。

注册设备需要单击设备接入标准版实例的设备菜单，右上角有"注册设备"按钮，如图 9.8 所示。

图 9.8　设备接入标准版实例的设备菜单

单击"注册设备"按钮后，弹出以下对话框，如图 9.9 所示。

输入"所属资源空间"和"所属产品"后，可以自行定义"设备标识码"。设定好"设备标识码"后，会自动生成"设备 ID"，单击"确定"按钮即可完成平台侧的设备注册。注册完成后会弹出"设备创建成功"对话框，如图 9.10 所示。

图 9.9　"单设备注册"对话框

图 9.10　"设备创建成功"对话框

　　这里除了"设备 ID","密钥"也已经自动生成,可以复制并保存。后面在真实设备侧开发的时候需要用到"设备 ID"和"密钥"。

三、任务实践

　　根据以上内容完成个人云平台账号注册和登录,创建物联网平台设备接入实例,并在实例中创建产品和注册设备，根据通过温湿度传感器获取温湿度数据的真实案例情况设置设备属性。

任务2：物联网云平台连接真实设备

📥 任务描述

- 任务要求：完成设备和云平台连接代码的编写，运行代码，从而确定真实设备和云平台直接连接成功。
- 任务效果：实现设备在云端显示在线状态、离线状态。

一、真实设备连接鉴权

在任务1中我们完成了云平台侧的设备注册，明确了设备类型和设备属性等，这些信息是基于真实设备设定的，同时，我们获取了服务器的接入地址、端口、设备 ID 和密钥等信息。

真实设备或网关在接入物联网云平台时首先需要和云平台建立连接，从而将设备或网关与云平台关联。连接时需要对设备的权限进行鉴定，从而保证我们的真实设备是和注册设备关联的。本任务依然采用 MQTT 通信协议与云平台建立连接，免费公共服务器的连接方法在之前的项目中已经介绍过，这里我们不再连接公共服务器，而是连接华为云平台的服务器，具体的连接代码如下：

```
def connect_mqtt():
    def on_connect(client, userdata, flags, rc):
        if rc == 0:
            print("Connected to broker successfully!")
        else:
            print("Failed to connect broker, return code {0}".format(rc))
    # 连接 MQTT 代理服务器，并获取连接引用
    client = mqtt.Client(client_id=get_client_id(device_id))
    client.on_connect = on_connect
    #设置客户端的用户名和密码
    client.username_pw_set(device_id, get_password(secret))
    client.connect(server_ip, port, keepalive)
    return client
```

在使用 mqtt.Client()实例化对象时，输入 client_id ，这次我们不是采用随机生成的 ID，而是要对真实设备进行鉴定，采用 get_client_id 函数对注册设备时生成的 device_id 进行重新生成。生成规则为一机一密的设备 clientId，包含 4 个部分：设备 ID、设备身份标识类型、密码签名类型、时间戳。通过下画线"_"分隔。get_client_id 函数代码如下：

```
# 获取客户 ID
def get_client_id(device_id, psw_sig_type=0):
    """
```

```
    :param deviceId: 注册时的设备 ID
    :param device_id_type: 设备身份标识类型固定值为 0
    :param Psw_sig_type:     密码签名类型：长度为 1 字节，当前支持 2 种类型：
                             "0" 代表 HMACSHA256 不校验时间戳
                             "1" 代表 HMACSHA256 校验时间戳
    :param time_stamp: 时间戳
    """
    if not isinstance(device_id, str):
        raise ValueError('device_id should be a string type')
    return device_id + '_0_' + str(psw_sig_type) + '_' + get_timeStamp()
```

设备侧除了生成设备 ID，还生成密钥，连接鉴权时需要设置客户端的用户名和密码，用户名为设备 ID，密码为加密后的密钥，具体代码如下：

```
def get_password(secret):
    """
    对 secret 进行加密
    :param secret: 返回的 password 的值为使用 "HMACSHA256" 算法、以时间戳为密钥、对 secret 进
行加密后的值
    secret 为注册设备时平台返回的 secret
    """
    secret_key = get_timeStamp().encode('utf-8')    # 密钥
    secret = secret.encode('utf-8')                 # 加密数据
    password = hmac.new(secret_key, secret, digestmod=sha256).hexdigest()
    return password
```

连接云平台服务时，采用 client.connect(server_ip,port,keepalive) 函数，其中，server_ip='********'为云服务器接入地址，不同协议的接入地址不同。本项目采用 MQTT 通信协议接入，因此 port = 1883，keepalive = 60，为一般常量值。

二、功能示范

在测试连接之前，我们先登录华为云平台，查看设备当前状态，单击控制台进入实例，选择"设备"→"所有设备"，设备状态查询界面如图 9.11 所示。

图 9.11　设备状态查询界面

因为设备还没有连接云平台，所以设备状态为离线状态，下面我们在树莓派端运行连接函数代码，完整代码如下：

```python
# -*-coding:utf-8-*-
import time
import hmac
from hashlib import sha256
import paho.mqtt.client as mqtt


server_ip='********'    #此处填写服务器接入地址
port = 1883
keepalive = 60
device_id='********'    #此处填写设备 ID
secret='********'       #此处填写设备密钥


# 获取客户 ID
def get_client_id(device_id, psw_sig_type=0):
    if not isinstance(device_id, str):
        raise ValueError('device_id should be a string type')
    return device_id + '_0_' + str(psw_sig_type) + '_' + get_timeStamp()


# 获得时间戳
def get_timeStamp():
    return time.strftime('%Y%m%d%H', time.localtime(time.time()))


def get_password(secret):
    secret_key = get_timeStamp().encode('utf-8')
    secret = secret.encode('utf-8')
    password = hmac.new(secret_key, secret, digestmod=sha256).hexdigest()
    return password


def connect_mqtt():
    def on_connect(client, userdata, flags, rc):
        if rc == 0:
            print("Connected to broker successfully!")
        else:
            print("Failed to connect broker, return code {0}".format(rc))
    # 连接 MQTT 代理服务器，并获取连接引用

    client = mqtt.Client(client_id=get_client_id(device_id))
    client.on_connect = on_connect
    client.username_pw_set(device_id, get_password(secret))
    client.connect(server_ip, port, keepalive)
    return client
```

```
if __name__ == "__main__":
    client = connect_mqtt()
    # 运行一个线程来自动调用loop()处理网络事件，非阻塞
    client.loop_start()
    print("-----------------Mqtt connection completed !!!")
```

运行以上代码，树莓派端连接云服务器成功提示如图9.12所示。

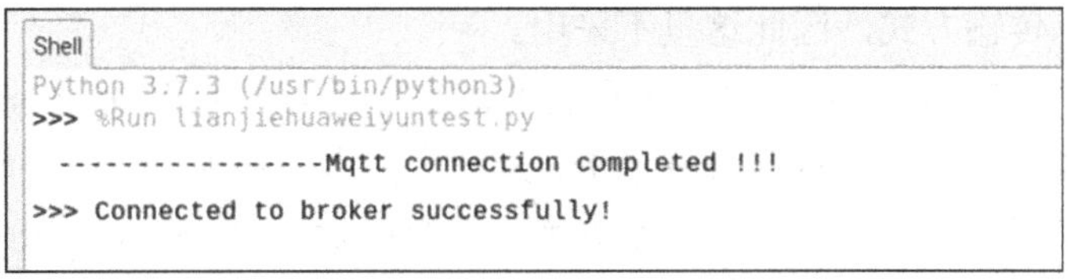

图 9.12 树莓派端连接云服务器成功提示

树莓派端显示连接云服务器成功，我们再去华为云平台上查看一下状态是否在线。进入控制台，查看所有设备，可以看到连接成功后，显示"状态"为"在线"，如图9.13所示。

图 9.13 连接成功后显示"状态"为"在线"

三、任务实践

根据任务1注册设备获取的信息，完成设备和云平台连接代码的编写，并运行代码，状态为在线，从而确定真实设备和云平台连接成功。

任务3：将设备数据上报云平台

☁ 任务描述

- 任务要求：设备获取温湿度数据，并上报数据到云平台。
- 任务效果：设备每隔15s上报一次数据，采集2min的数据，人工干预一次湿度数据，在平台中查看在2min内采集的数据中是否可以实时检测到湿度数据的变化。

一、设备属性发布

当设备使用 MQTT 通信协议接入云平台时，云平台和设备通过 Topic 进行通信。华为云平台预置了 Topic，通过这些预置的 Topic，云平台和设备可以实现消息、属性、命令的交互。还可以在设备接入控制台自定义 Topic，实现云平台和设备通信的个性化配置。

在本任务中，我们采用预置的 Topic 将设备属性数据上报云平台。自定义 Topic 方式目前仅支持静态消息传输方式，因此这里不采用。

在任务 1 中创建产品时，我们针对本项目要求添加了服务名称 smarthome，在该服务下，又增加了两个属性，分别为 temperature 和 humidity。在本任务中，我们将要上报温度和湿度数据，先定义一个属性的类，创建一个空列表，编写函数 add_service_property() 将每一条属性的值保存为字典内容格式，每一条属性都包含 service_id、property 及 value。将每一条字典内容作为一个元素追加存储到列表中，最终返回列表。具体代码如下：

```python
class ServicesProperties:
    def __init__(self):
        self.__services_properties = list()

    def add_service_property(self, service_id, property, value):
        service_property_dict = {"service_id": service_id, "properties":
                                                {property: value}}
        self.__services_properties.append(service_property_dict)

    @property
    def service_property(self):
        return self.__services_properties
```

定义好属性的类后，我们要将实际获取的温湿度数据作为属性上报，因为采用的是 MQTT 通信协议，所以上报属性就是向指定的 Topic 发布信息。将信息数据转换为 JSON 格式。属性上报指定的 Topic 为 topic = r'$oc/devices/' + str(device_id) + r'/sys/properties/report'，编写上报函数 report_properties()，具体代码如下：

```python
def report_properties(service_properties, qos):
    print("......Device reporting properties......")
    topic = r'$oc/devices/' + str(device_id) + r'/sys/properties/report'
    payload = {"services": service_properties}
    payload = json.dumps(payload)
    client.publish(topic, payload, qos=qos)
    print("----------------Device report properties completed----------------")
```

二、功能示范

本任务要求采集实时温湿度数据并上报云平台，在项目 4 中我们已经学习过如何采集温湿度数据，这里不再赘述，将相关代码直接复制粘贴过来即可。将实时采集的数据保存在变量 temperature 和 humidity 中，我们调用刚才编写的设备属性上报函数 report_properties()，将数据上报云平台：

```
while True:
    humidity,temperature = Adafruit_DHT.read_retry(11, dht11pin)
    print ('Temp: {0:0.1f} C Humidity: {1:0.1f} %'.format(temperature, humidity))
    service_property = ServicesProperties()
    service_property.add_service_property(service_id="smarthome",
                            property='temperature', value=temperature)
    service_property.add_service_property(service_id="smarthome",
                            property='humidity', value=humidity)
    report_properties(service_properties=service_property.service_property,
                            qos=1)
    time.sleep(15)
```

实时采集 DHT11 温湿度传感器获取的温湿度数据并上报云平台，完整代码如下，设置每隔 15 s 上报一次数据。

```
# -*-coding:utf-8-*-
import time
import hmac
from hashlib import sha256
import paho.mqtt.client as mqtt
import json
import Adafruit_DHT
import RPi.GPIO as GPIO


server_ip='********'
port = 1883
keepalive = 60
device_id='********'
secret='********'
dht11pin = 4
GPIO.setwarnings(False)
GPIO.setmode(GPIO.BCM)
GPIO.setup(dht11pin,GPIO.IN)


class ServicesProperties:
    def __init__(self):
        self.__services_properties = list()

    def add_service_property(self, service_id, property, value):
        service_property_dict = {"service_id": service_id, "properties":
                            {property: value}}
        self.__services_properties.append(service_property_dict)

    @property
    def service_property(self):
        return self.__services_properties
```

```python
def get_client_id(device_id, psw_sig_type=0):
    if not isinstance(device_id, str):
        raise ValueError('device_id should be a string type')
    return device_id + '_0_' + str(psw_sig_type) + '_' + get_timeStamp()

def get_timeStamp():
    return time.strftime('%Y%m%d%H', time.localtime(time.time()))

def get_password(secret):
    secret_key = get_timeStamp().encode('utf-8')
    secret = secret.encode('utf-8')
    password = hmac.new(secret_key, secret, digestmod=sha256).hexdigest()
    return password


def connect_mqtt():
    def on_connect(client, userdata, flags, rc):
        if rc == 0:
            print("Connected to broker successfully!")
        else:
            print("Failed to connect broker, return code {0}".format(rc))
    # 连接 MQTT 代理服务器，并获取连接引用
    client = mqtt.Client(client_id=get_client_id(device_id))
    client.on_connect = on_connect
    client.username_pw_set(device_id, get_password(secret))
    client.connect(server_ip, port, keepalive)
    return client


def report_properties(service_properties, qos):
    print("......Device reporting properties......")
    topic = r'$oc/devices/' + str(device_id) + r'/sys/properties/report'
    payload = {"services": service_properties}
    payload = json.dumps(payload)
    client.publish(topic, payload, qos=qos)
    print("-----------------Device report properties completed-----------------")


if __name__ == "__main__":
    client = connect_mqtt()
    client.loop_start()
    print("-----------------Mqtt connection completed !!!")
        # 定时上报属性
    while True:
```

```
humidity,temperature = Adafruit_DHT.read_retry(11, dht11pin)
print ('Temp: {0:0.1f} C Humidity: {1:0.1f} %'.format(temperature,
                          humidity))
service_property = ServicesProperties()
service_property.add_service_property(service_id="smarthome",
                property='temperature', value=temperature)
service_property.add_service_property(service_id="smarthome",
                property='humidity', value=humidity)
report_properties(service_properties=service_property.service_proper
                          ty, qos=1)
time.sleep(15)
```

在树莓派设备上运行以上完整代码，树莓派采集数据显示如图 9.14 所示，每隔 15s 上报一次数据。

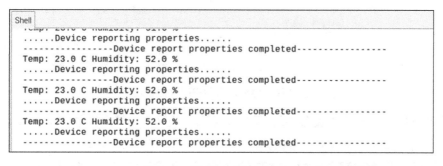

图 9.14　树莓派采集数据显示

树莓派端已经成功运行并上报数据，这时我们去云平台上查看是否接收到数据，单击"控制台"，找到设备接入实例，单击"设备详情"，查看数据显示。如图 9.15 所示，可以看到，数据正常上报，云平台已接收到，并且能够实时更新。

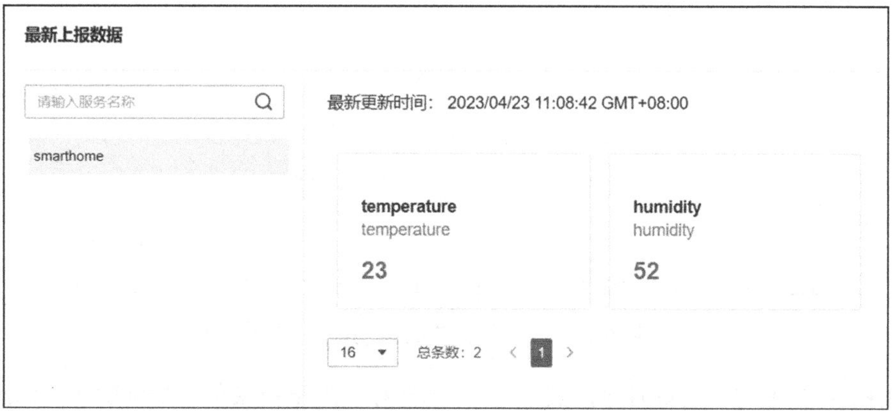

图 9.15　将温湿度数据上报云平台并显示

在当前页面中只能查看实时数据，如果需要查看历史数据及对数据进行分析，可以创建存储区，建立数据管道来查看。我们为产品添加"默认存储组"，单击"控制台"，进入设备接入实例，选择"存储管理"，添加"默认存储组"，如图 9.16 所示。

图 9.16　标准化实例中的存储管理

　　单击"控制台",进入"设备接入"实例,选择"设备"→"设备详情",如图 9.17 所示,单击右上角的"查看历史数据"按钮。

图 9.17　云平台中查看历史数据的位置

　　单击图 9.18 中的"设备时序探索",在"选择存储"下拉菜单中找到默认存储组,单击选择。接下来搜索设备 ID,找到当前设备,单击设备可以查看指定属性的历史数据,"设备时序探索"界面如图 9.18 所示。

　　单击图 9.18 中的设备,可以选择显示指定属性的历史数据,这里我们选择温湿度两个属性的历史数据进行折线图显示,如图 9.19 所示。

图 9.18　"设备时序探索"界面

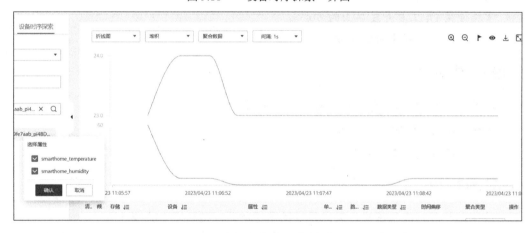

图 9.19　温湿度历史数据折线图

三、任务实践

根据任务要求，采用 DHT11 温湿度传感器实时采集温湿度数据，并上报云平台，每隔15s 上报一次数据，采集 2 min 的数据，人工干预一次湿度数据，在平台中查看在 2 min 内采集的数据中是否可以实时检测到湿度数据的变化。

项目 10　移动 App 控制及显示

📚 导入学习情境

物联网系统除了 Web 显示，还可以开发手机应用，从而更加方便地监控和管理设备，创建物联网应用程序，让信息能够通过传感器、物体及移动应用程序进行实时传输。物联网移动 App 开发服务将客户体验提升到了一个新的高度。

🎓 知识目标

- 熟悉 Qt 工具。
- 掌握使用 Qt 工具开发界面的方法。
- 掌握移动应用程序的构建方法。

🎓 技能目标

- 能够使用 Qt 工具开发登录界面和控制界面。
- 能够使用 Qt 工具进行 Socket 通信。
- 能够构建并生成安卓 App。

🎓 素质目标

- 通过设置用户名和密码，引导学生注意保护用户隐私和信息安全。
- 通过界面布局、基本控件编程知识点培养学生的岗位胜任能力和工匠精神，提升职业素养。

任务 1：登录界面设计

☁ 任务描述

- 任务要求：完成用户登录界面设计。
- 任务效果：
（1）显示界面名称。
（2）输入正确的用户名和密码，单击登录按钮，提示登录成功。
（3）若输入错误的用户名或密码，则提示错误信息。
（4）单击关闭按钮，关闭界面窗口。

一、Qt 工具

Qt 工具是一款面向对象的应用程序开发框架，可以用来开发界面等。Qt Creator 是面向跨平台的 Qt 集成开发环境（Qt IDE），可以支持 Linux、Mac OS 及 Windows 三大主流操作系统。

下面以 Qt 5.12.3 和 Windows 系统为例，说明安装注意事项。找到已经下载好的安装包，双击 qt-opensource-windows-x86-5.12.3.exe 文件，进入安装界面，可以自选安装盘符，选择默认安装即可。在安装过程中需要注意的是，因为后续需要生成安卓 App，所以在组件选择步骤中，需要勾选以下内容，如图 10.1 和图 10.2 所示。

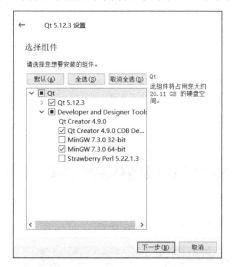
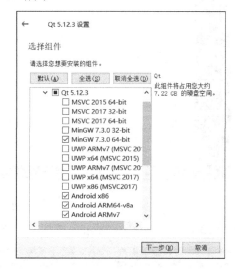

图 10.1　开发和设计工具组件选择　　　　图 10.2　界面构建环境组件选择

根据默认向导安装完成后，在 Windows 系统中搜索 Qt 工具，启动 Qt Creator 4.9.0，如图 10.3 所示。

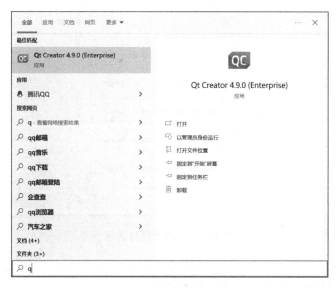

图 10.3　启动 Qt Creator 4.9.0

进入 Qt Creator 主界面，如图 10.4 所示。

图 10.4　Qt Creator 主界面

在图 10.4 中单击+New Project 按钮，弹出如图 10.5 所示的新建项目对话框。

图 10.5　新建项目对话框

在图 10.5 中单击项目 Application，选择 Qt Widgets Application。再单击右下角的 Choose 按钮，弹出项目介绍和位置界面，如图 10.6 所示。

图 10.6　项目介绍和位置界面

在图 10.6 中单击下一步按钮，弹出 Kit Selection 界面，如图 10.7 所示。

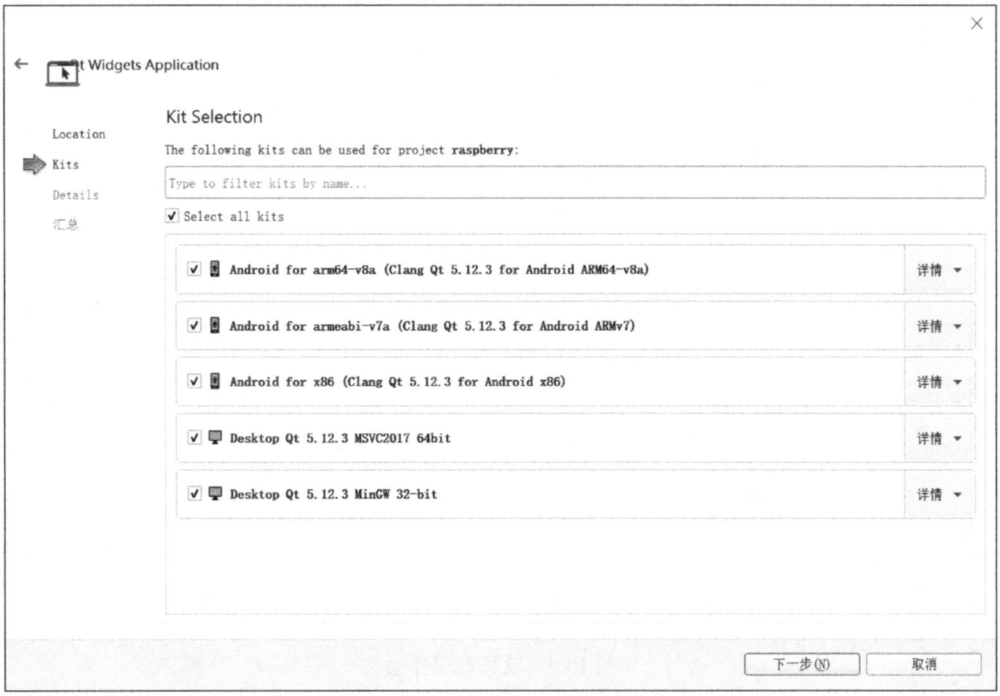

图 10.7　Kit Selection 界面

在 Select all kits 复选框前面打钩，单击下一步按钮，弹出类信息界面，如图 10.8 所示。

图 10.8　类信息界面

在基类选项的下拉菜单中选择 QWidget，单击下一步按钮，会弹出如图 10.9 所示的项目管理界面。

图 10.9　项目管理界面

单击图 10.9 中的完成按钮，弹出如图 10.10 所示的 raspberry 工程文件界面。至此，项目名称为 raspberry 的工程文件就创建好了。

图 10.10　raspberry 工程文件界面

在工程 raspberry 中，raspberry.pro 是 qmake 自动生成的，属于一种中间文件，用来生成 makefile 的配置文件。Headers 文件夹包含工程源文件对应的头文件内容，后缀为.h。Sources 文件夹包含源文件内容，后缀为.cpp。Forms 文件夹包含界面文件，后缀为.ui。

二、功能示范

下面我们将演示如何设计一个具有用户名和密码的用户登录界面。

在 Forms 文件夹中找到 widget.ui，如图 10.11 所示。

图 10.11　widget.ui 的位置

双击 widget.ui 进入编辑界面，在这个编辑界面中，我们将完成用户登录和关闭等设计，用户登录界面如图 10.12 所示。

图 10.12　用户登录界面

下面进行用户登录界面设计，我们分三步完成，分别是设置用户名和密码输入框、设计文本描述、设置登录和关闭按钮。

（1）设置用户名和密码输入框。

用户名和密码输入框均选择 Line Edit 类型的界面工具。在工具界面中找到 Line Edit，拖动 Line Edit 到背景界面中，执行两次。为了保证界面生成后的整齐性，对于两个 Line Edit 输入框，可以选择水平对齐布局或垂直对齐布局。同时选中两个 Line Edit 输入框，单击上方工具栏中的对齐按钮即可自动实现对齐，如图 10.13 所示。

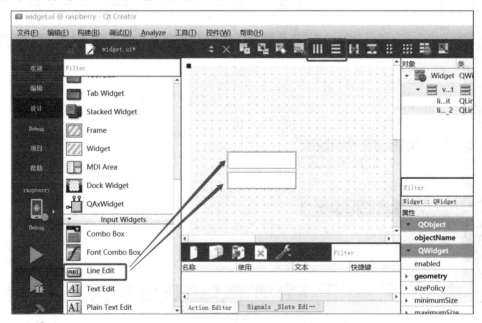

图 10.13　设置用户名和密码输入框

为了便于代码和界面的功能对应，建议修改输入框的名称。选中第一个 Line Edit 输入框，找到右下角的属性，选择 objectName，输入 lineEditusername，表示第一个 Line Edit 输入框对应的名称为 lineEditusername，如图 10.14 所示。

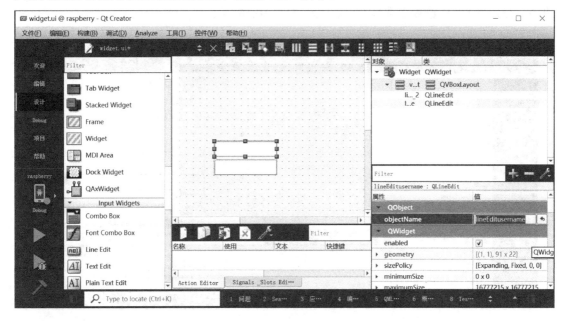

图 10.14　设置用户名

同理，修改第二个 Line Edit 输入框的名称，将其修改为 lineEditpassword。

Line Edit 输入框在界面中显示时，其名称是不可见的，为了方便使用，还可以在界面中设置显示提示语。先选中第一个 Line Edit 输入框，在右下角的属性中找到 placeholderText，在后面输入提示语：username。在生成的界面中，第一个 Line Edit 输入框将会显示灰色的 username 字样，如图 10.15 所示。

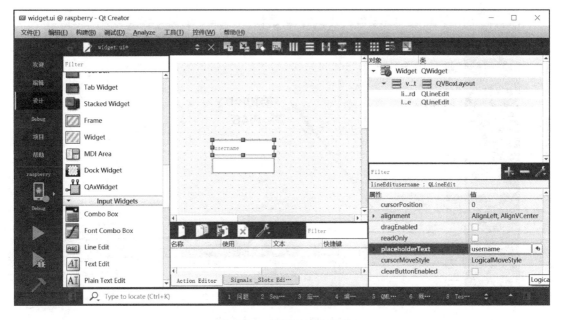

图 10.15　设置显示提示语

同理，可将第二个 Line Edit 的提示语修改为 password。通常将密码设置为不可见，在 echoMode 选项中选择对应功能。操作步骤：选中编辑框，在右下角的属性中找到 echoMode 选项，在 echoMode 选项中选择 Password，如图 10.16 所示。

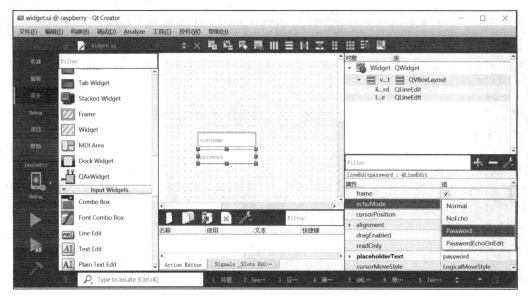

图 10.16　修改提示语

（2）设计文本描述。

文本描述采用 Text Edit 类型的界面工具，单击左侧界面工具中的 Text Edit，将其拖动到界面中，双击即可输入文本内容。例如，给主界面设置文本描述 raspberry Pi4B，如图 10.17 所示。

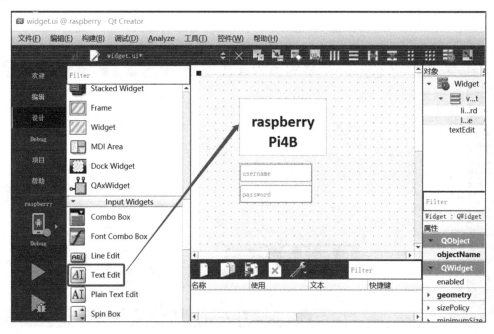

图 10.17　主界面文本描述

（3）设置登录和关闭按钮。

登录和关闭按钮均选择 Push Button 类型，以实现单击功能。首先设置登录按钮，拖动左侧工具界面中的 Push Button 工具到界面中，修改右下角属性中的 text 为登录，如图 10.18 所示。另外，修改 objectName 为 dengluButton。

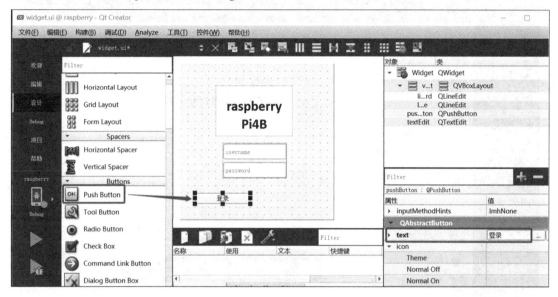

图 10.18　登录按钮

设置关闭按钮，拖动工具界面中的 Push Button 工具到界面中，修改右下角属性中的 text 为关闭。将关闭按钮和登录按钮设置为水平对齐，如图 10.19 所示。

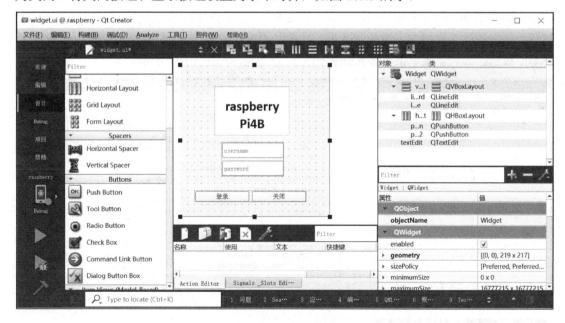

图 10.19　关闭按钮

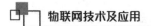

物联网技术及应用

将工具类型都添加完后，开始进行主界面布局，选中整个窗口，设置为垂直布局，界面布局完成效果如图 10.20 所示。

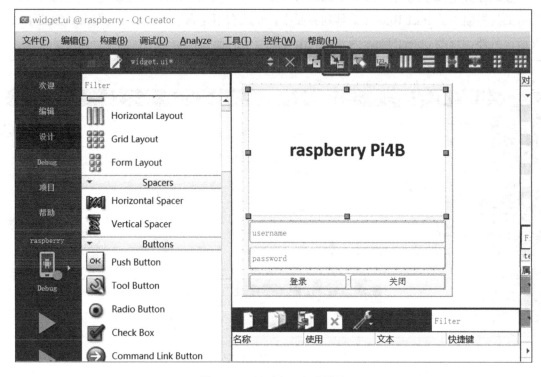

图 10.20　界面布局完成效果

接下来我们设置登录按钮和关闭按钮的功能。单击关闭按钮后整个界面关闭，切换到 edit signals/slots 界面，拖动关闭按钮，显示一个接地线，自动弹出配置连接窗口。选择 clicked()，然后单击配置连接窗口左下方的复选框，显示从 QWidget 继承信号和槽，再选择 close()，单击 OK 按钮，即可实现单击关闭按钮关闭窗口的功能，如图 10.21 所示。

图 10.21　设置关闭按钮的功能

设置登录按钮的功能,如图 10.22 所示,单击方框标识位置,切换到 edit widgets 界面。

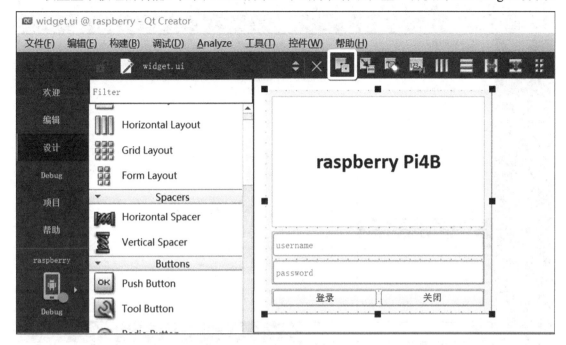

图 10.22 切换到 edit widgets 界面

单击登录按钮,右击,在弹出的快捷菜单中选择转到槽,如图 10.23 所示。在弹出的窗口中选择 clicked,确认。

图 10.23 转到槽

系统自动跳转到 widget.cpp 界面,并在 widget.cpp 中创建一个函数 void Widget::on_dengluButton_clicked(),如图 10.24 所示。

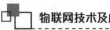

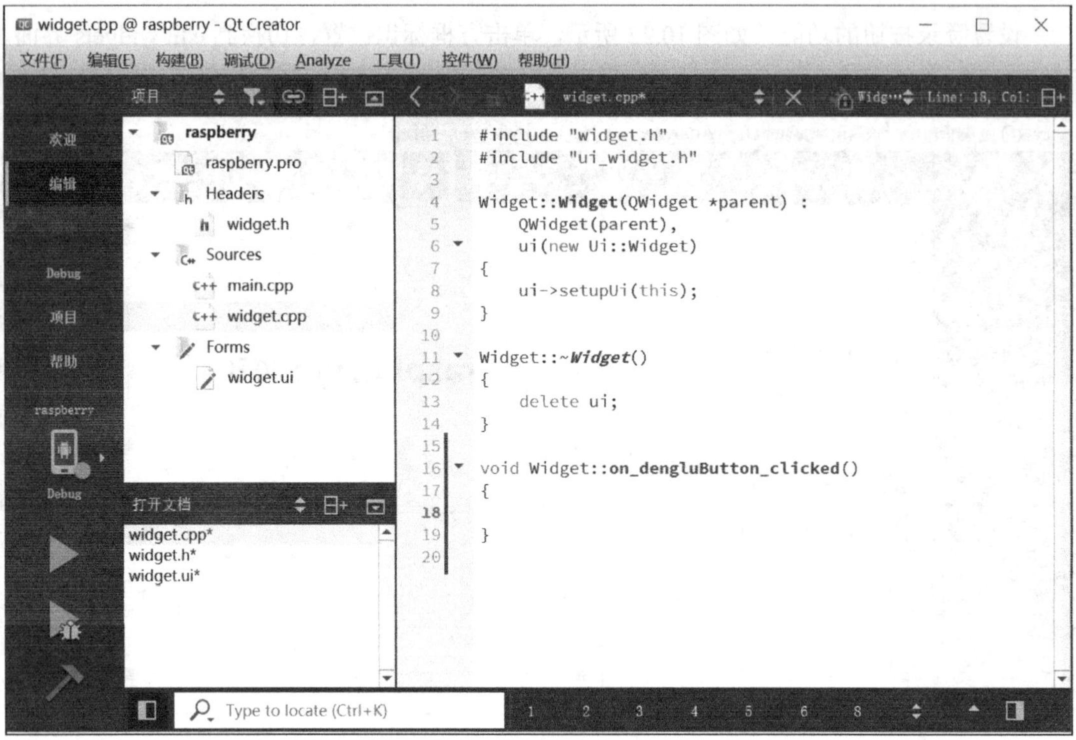

图 10.24　登录按钮槽函数

登录按钮实现的功能：检测用户名和密码是否正确，若正确，则打印"login success"，若有错误，则打印"username or password error!"。具体内容由函数 void Widget::on_ dengluButton_ clicked()来实现，参考代码如下：

```cpp
#include <QMessageBox>
void Widget::on_dengluButton_clicked()
{
    qDebug("login clicked");

    if(ui->lineEditusername->text()=="admin"&ui->lineEditpassword->text()=="
    12344321")
    {
        qDebug("login success");
    }
    else
        QMessageBox::critical(this,"error","username or password error!");
}
```

三、任务实践

根据功能示范效果，完成登录界面自定义设计，需要包含设置用户名和密码输入框、设计文本描述、设置登录和关闭按钮。

任务 2：控制界面布局

任务描述

- 任务要求：创建控制界面，完成布局。
- 任务效果：完成对控制界面中 5 个运动控制按钮、2 个 CheckBox 按钮，以及对应 ip 和 port 的 2 个 Line Edit 输入框的布局。

一、创建控制界面

控制界面用来控制树莓派智能车的基本运动，同时接收树莓派智能车采集到的温湿度数据并显示，控制界面示例如图 10.25 所示。

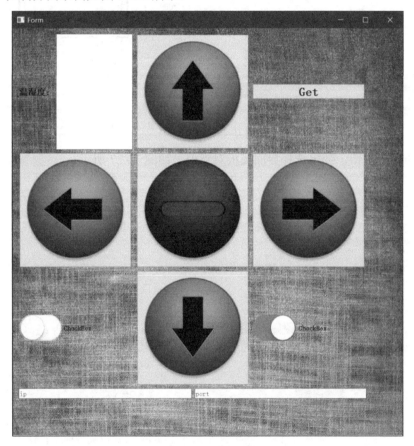

图 10.25　控制界面示例

在控制界面中，应包含如下三个功能设计。

（1）5 个运动控制按钮（前进、后退、左转、右转和停止）。

（2）有两个 CheckBox 按钮，单击右侧的 CheckBox 按钮后会弹出 ip 和 port 输入框，输入正确的 ip 和 port 后，单击左侧的 CheckBox 按钮进行网络连接。

（3）温湿度数据显示框和 Get 按钮，单击 Get 按钮采集温湿度数据并输入显示框。

相对于登录界面来说，控制界面是一个独立的界面，因此需要在工程 raspberry 中再创建一个界面。

单击工程文件名 raspberry，右击，在弹出的快捷菜单中选择 Add New，添加新文件，在弹出的窗口中依次选择 Qt→Qt 设计师界面类，如图 10.26 所示。

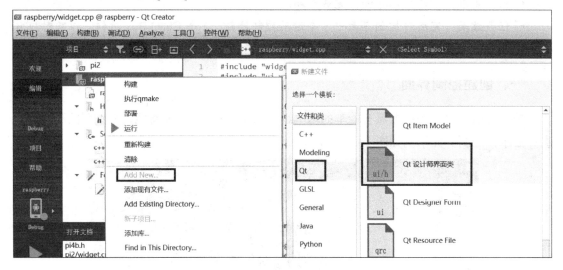

图 10.26　新建界面

单击 Choose 按钮，弹出选择界面模板对话框，如图 10.27 所示。

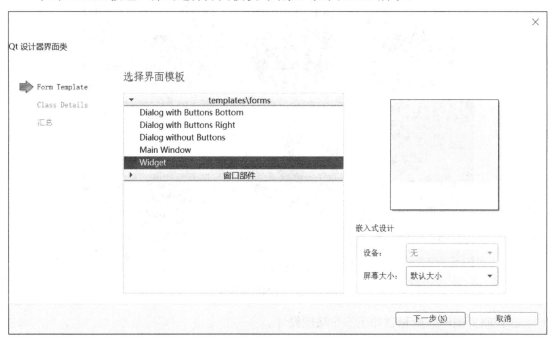

图 10.27　选择界面模板对话框

在图 10.27 中选择 Widget，单击下一步按钮，弹出选择类名界面，如图 10.28 所示。

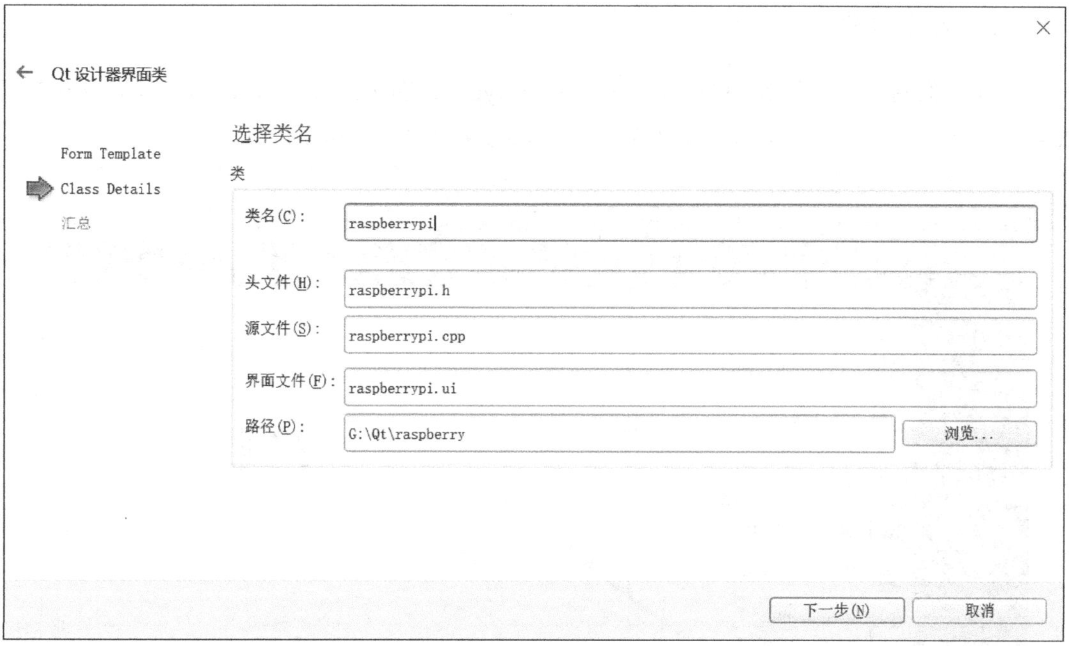

图 10.28 选择类名界面

自定义界面名称，在类名对应的输入框中输入自定义类名，如 raspberrypi。工程会新增
raspberrypi.h、raspberrypi.cpp、raspberrypi.ui 3 个文件。单击下一步按钮，弹出项目管理界面，
如图 10.29 所示。

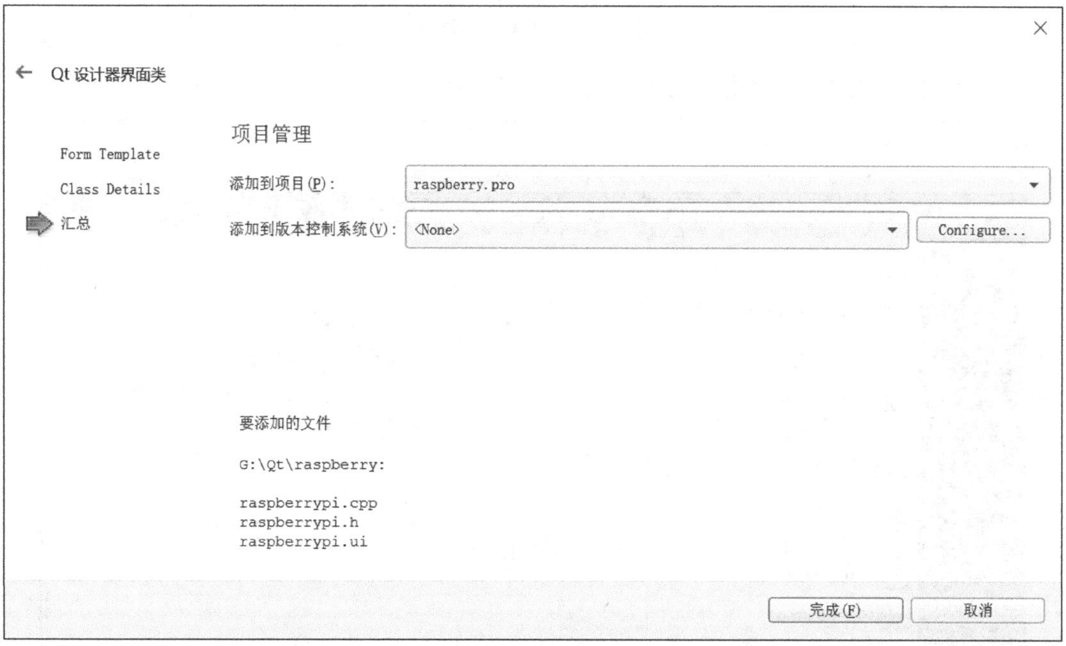

图 10.29 项目管理界面

单击完成按钮，系统会自动跳转到 raspberrypi.ui 界面，如果没有跳转，可以双击
raspberrypi.ui 进入。创建完界面后即可根据要求来布局界面内容。

二、功能示范

下面我们将演示控制界面的布局，在 raspberrypi.ui 界面中，5 个 Tool Button 分别控制智能车的前进、后退、停止、左转和右转 5 种运动，如图 10.30 所示。

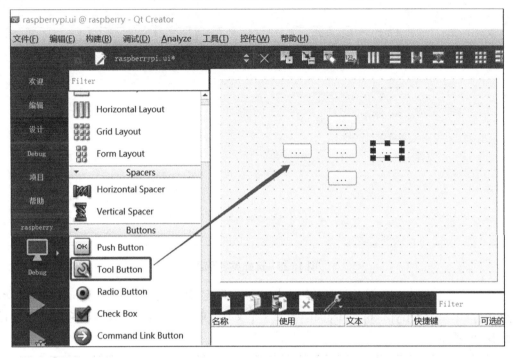

图 10.30　设计界面按钮

将 5 个 Tool Button 按照栅格布局，如图 10.31 所示。

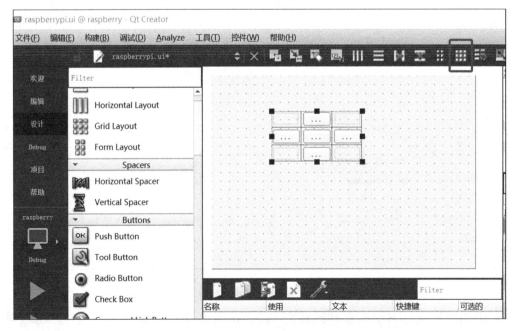

图 10.31　设计界面按钮布局

可以对 5 个 Tool Button 进行重命名，即修改 objectName，以便在函数中快速找到对应按钮。例如，最上方的 Tool Button 用来控制前进运动，修改其 objectName 为 toolButtonforward，关于其他 Tool Button，就不再赘述了。

拖动 2 个 Check Box 到如图 10.32 所示的位置，即可添加 CheckBox 按钮。

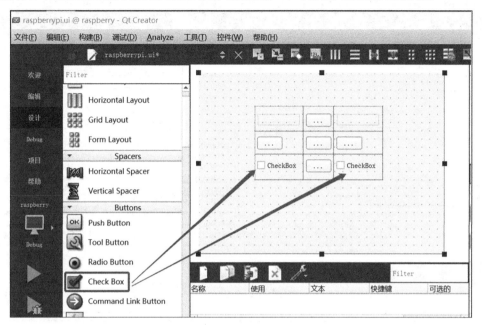

图 10.32　添加 CheckBox 按钮

添加两个 Line Edit，设置为水平布局，属性修改方式可参考登录界面中的用户名和密码输入框设计，将 ip 的 Line Edit 输入框的 objectName 修改为 lineEditip，将 port 的 Line Edit 输入框的 objectName 修改为 lineEditport，修改完成后将整个界面设置为垂直对齐布局，如图 10.33 所示。

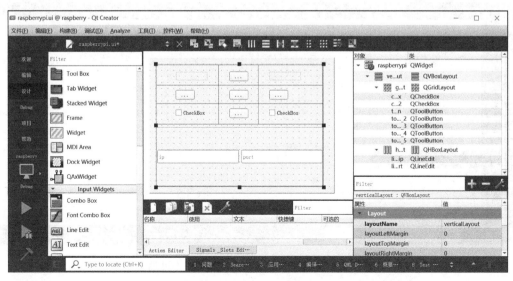

图 10.33　设计界面整体布局

设置右侧的 CheckBox 按钮关联 ip 和 port。首先切换到 edit signals/slots 界面，拖动 CheckBox 按钮到 ip，拖动之后会自动弹出配置连接对话框，按照图10.34选择，单击 OK 按钮。注意：右侧的 CheckBox 和 port 的关联操作与 ip 相同，可自行操作，这里就不重复展示了。

图 10.34　CheckBox 关联 ip 操作

CheckBox 按钮关联 ip 和 port 后，在 raspberrypi.cpp 中添加代码，如图 10.35 所示，设置 ip 和 port 输入框初始不可见，单击 CheckBox 按钮后才显示。

图 10.35　设置 ip 和 port 输入框初始不可见

三、任务实践

根据功能示范内容，完成对控制界面中的 5 个运动控制按钮、2 个 CheckBox 按钮，以及对应 ip 和 port 的 2 个 Line Edit 输入框的布局，同时完成各按钮的名称自定义。选择右侧 CheckBox 关联 ip 和 port 输入框，完成单击显示功能。

任务 3：添加控制界面图片资源

🔷 任务描述

- 任务要求：创建图片资源文件夹，完成控制界面中图片资源的添加。
- 任务效果：完成对控制界面中的 5 个运动控制按钮、2 个 CheckBox 按钮及背景图片资源的添加。自行选择下载图片素材，应使效果美观。

一、创建图片文件

图片文件和头文件、源文件等文件一样，属于工程的一部分。在工程名称 raspberrypi 处右击，在弹出的快捷菜单中单击添加新文件按钮，弹出新建文件界面，如图 10.36 所示。

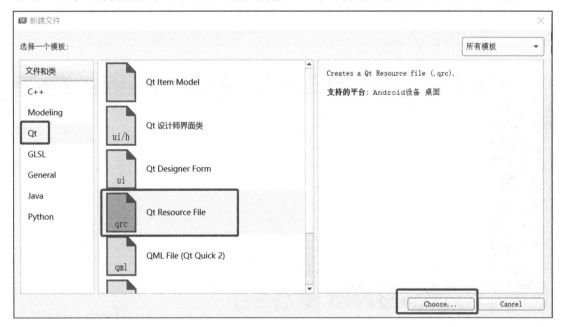

图 10.36　新建文件界面

单击 Choose 按钮，给新文件取名为 picture1，即可增加一个资源文件夹，如图 10.37 所示。

打开 picture1.qrc 文件，单击下方的添加按钮，选择添加前缀，如图 10.38 所示。

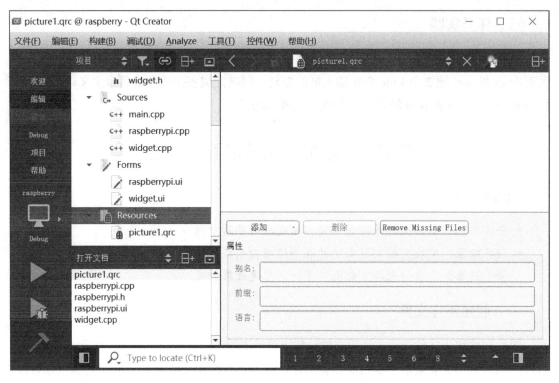

图 10.37　图片资源界面

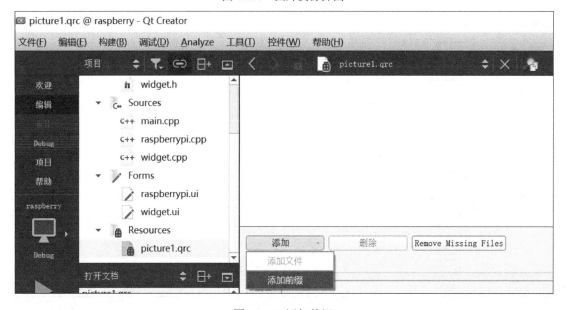

图 10.38　添加前缀

添加前缀后，修改前缀为"/"，如图 10.39 所示。

单击添加按钮，添加文件，如图 10.40 所示。

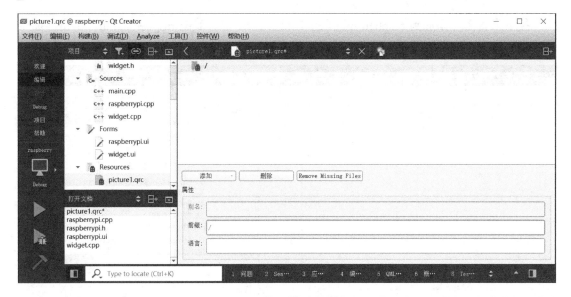

图 10.39　修改前缀

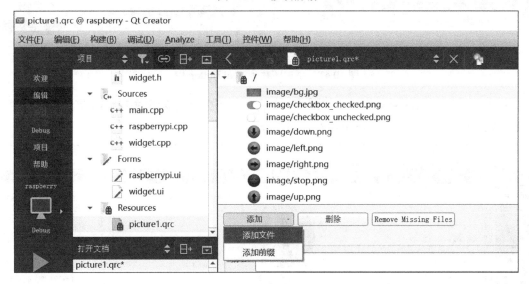

图 10.40　添加文件

二、功能示范

提前下载图片资源并保存到本工程路径下，创建文件夹 image，用来存放图片（注意：图片文件的存放路径和图片名称不支持中文字符）。

在本任务中，我们需要 8 张图片，分别是 1 张背景图片（JPG 格式）和 7 张按钮图片（PNG 格式）。picture1.qrc 里面的文件必须显示相对路径，如果是绝对路径，那么在后续编译生成 APK 文件时会出错。可以在图示图片中右击，复制图片路径到剪切板来查看是否为相对路径。

将图片添加进来之后需要保存 picture1.qrc，右击 picture1.qrc，在弹出的快捷菜单中选择保存即可。

接下来将图片添加到 raspberrypi.ui 的 Tool Button 中。双击 raspberrypi.ui，单击界面中的 Tool Button，找到属性中的 icon，单击选择资源，添加相应的图片即可，如图 10.41 所示。

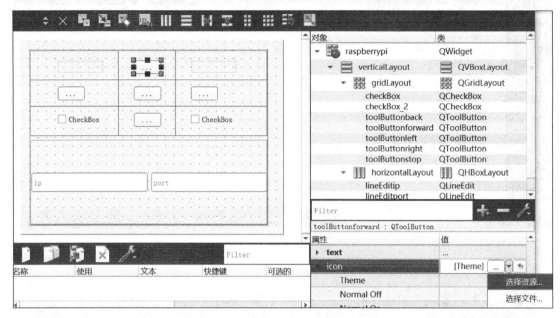

图 10.41　添加图片到 Tool Button 中

图片大小可用 icon size 设置，如图 10.42 所示，本次设置规格为 128×128。如果后续生成的 APK 图片太大或太小，还可以在这里调整。

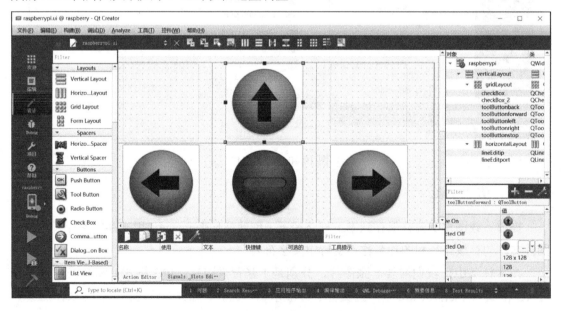

图 10.42　设置图片大小

右击右侧的 CheckBox，在弹出的快捷菜单中选择改变样式表，如图 10.43 所示。

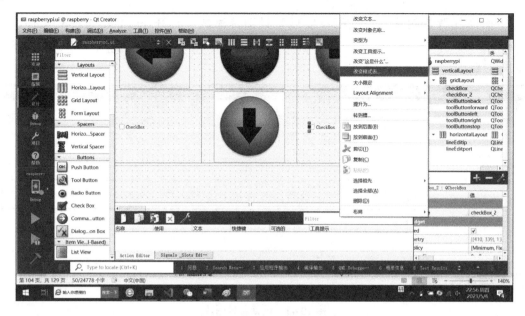

图 10.43　设置 CheckBox 样式

复制以下代码到编辑框中。其中，url 后面的括号中分别为 checkbox_unchecked.png 和 checkbox_checked.png 图片的相对地址，可以在 picture1.qrc 中复制获取。从而实现单击和未单击 CheckBox 分别显示不同的图片。

```
QCheckBox::indicator::unchecked{image:url(://image/checkbox_unchecked.png);}
QCheckBox::indicator::checked {image: url(://image/checkbox_checked.png); }
QToolButton{border:0px}
```

复制完成后，单击 Apply 按钮，再单击 OK 按钮。采用同样的方法设置左侧的 CheckBox，这里就不再赘述了，需要读者自行完成操作。两个 CheckBox 都设置完成后，CheckBox 样式如图 10.44 所示。

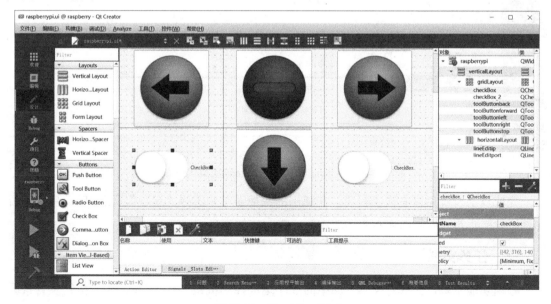

图 10.44　CheckBox 样式

下面添加背景图片，在代码中实现背景图片添加。打开 raspberrypi.cpp 文件，在 raspberrypi.cpp 中添加如下代码，如图 10.45 所示，其中，": //image/bg.jpg"表示的是背景图片的相对路径。

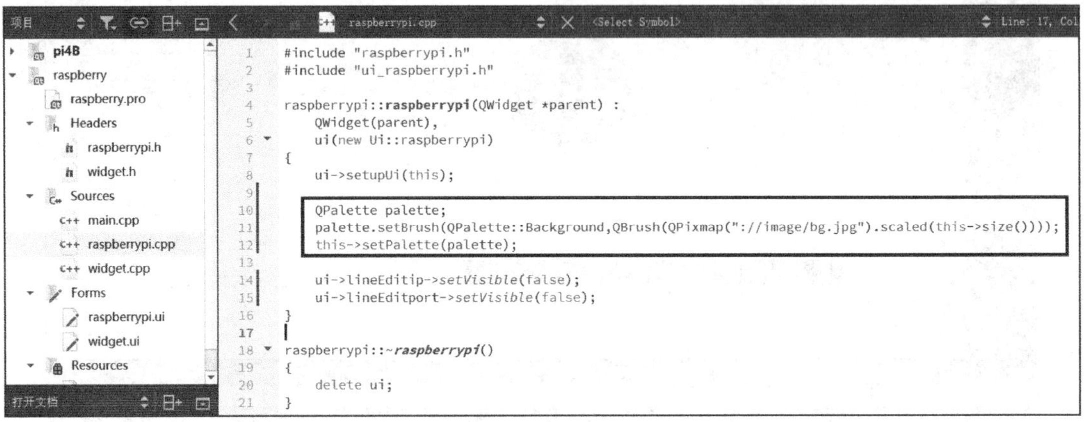

图 10.45　设置背景图片

为了演示界面显示效果，设置登录界面的登录按钮，单击后切换到控制界面。修改用户登录界面的 on_dengluButton_clicked()函数，在正确输入登录界面用户名和密码的情况下，跳转进入智能车控制界面。双击 widget.cpp 进入登录界面源文件，on_dengluButton_clicked()函数代码修改如图 10.46 所示。

图 10.46　on_dengluButton_clicked()函数代码修改

完成以上步骤后，右击工程名，在弹出的快捷菜单中选择"运行"，测试以上步骤是否正确，若能正常完成界面输入和切换操作，则表示步骤正确。

三、任务实践

根据功能示范，完成对控制界面中的 5 个运动控制按钮、2 个 CheckBox 按钮及背景图片资源的添加，可自行在网络中下载图片素材。

设置登录界面登录函数的功能，正确输入用户名和密码后，单击登录按钮即可跳转到控制界面。

任务 4：网络连接

🌩 任务描述

- 任务要求：完成树莓派端和 PC 端运行界面的网络连接。
- 任务效果：在控制界面中输入 ip 和 port，单击 CheckBox 按钮，显示连接成功。

一、Qt 界面

在本任务中，我们将完成树莓派端和 PC 端运行界面之间的网络连接功能，在 Qt 中引入 QTcpSocket 库，可以采用 Socket 方式完成网络通信。

双击打开 raspberry.pro 文件，添加 network，如图 10.47 所示，然后保存所有文件。

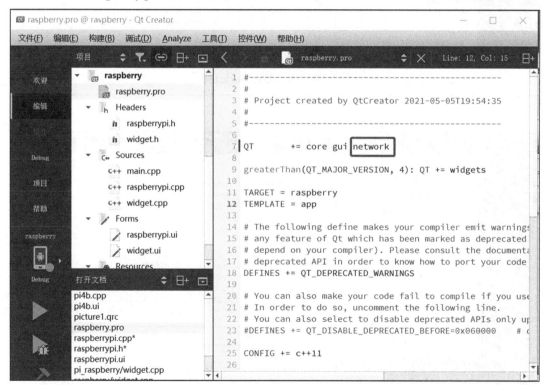

图 10.47　添加 network

在 raspberrypi.h 中引入 QTcpSocket 库，添加代码#include<QTcpSocket>，同时在 raspberrypi 类中添加私有属性对象 QTcpSocket *socket，如图 10.48 所示。

双击打开 raspberrypi.cpp 文件，在 raspberrypi.cpp 文件中创建一个 Socket 作为客户端，如图 10.49 所示。

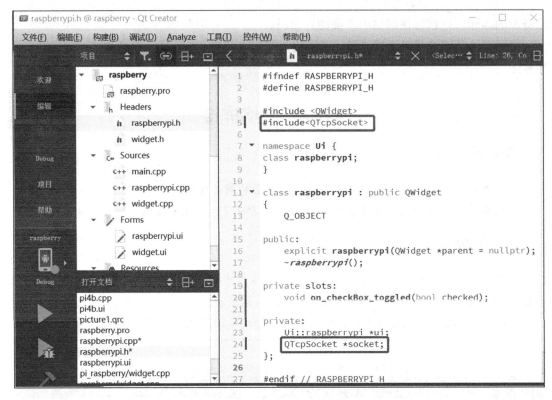

图 10.48　引入 QTcpSocket 库

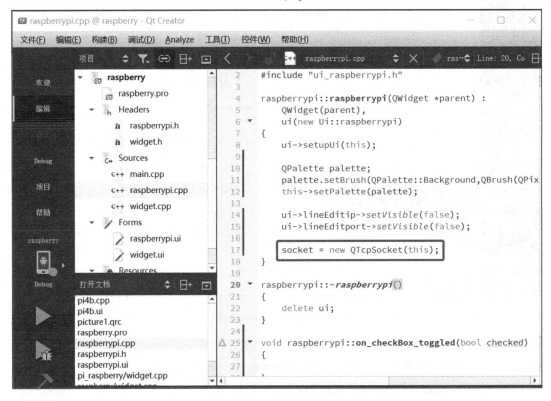

图 10.49　创建 Socket

单击控制界面中左侧的 CheckBox，右击，在弹出的快捷菜单中选择转到槽，选择转到槽之后，会跳出转到槽界面，如图 10.50 所示。

图 10.50 转到槽界面

单击 OK 按钮，自动跳转到 raspberrypi.cpp 页面。在 raspberrypi.cpp 中添加#include <QMessageBox>和#include <QDebug>库，然后开始编写控制界面中左侧的 CheckBox 对应的槽函数。在槽函数中，首先要判断输入的 ip 或 port 是否为空，若为空，则报错。除了检测输入的 ip 和 port 是否为空，还需要检测 ip 地址和 port 格式是否错误，添加库函数#include <QHostAddress>。左侧 CheckBox 对应的槽函数的完整代码如图 10.51 所示。

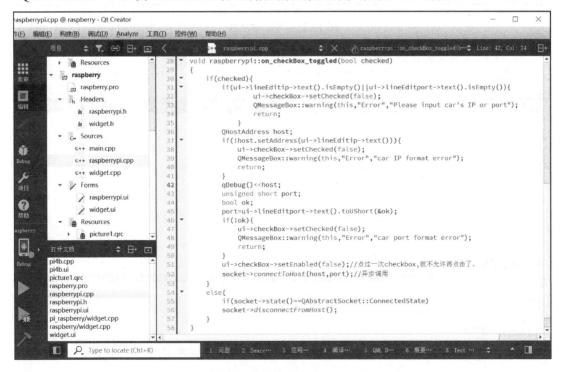

图 10.51 左侧 CheckBox 对应的槽函数的完整代码

Socket->connectToHost 是一个异步函数，相当于有两个线程操作，一个线程负责连接 ip 和 port，另一个线程继续运行程序。无论连接的结果是成功还是失败，都需要返回一个信号。因为是用信号槽的方式实现的，所以要增加一个槽函数，如图 10.52 所示。

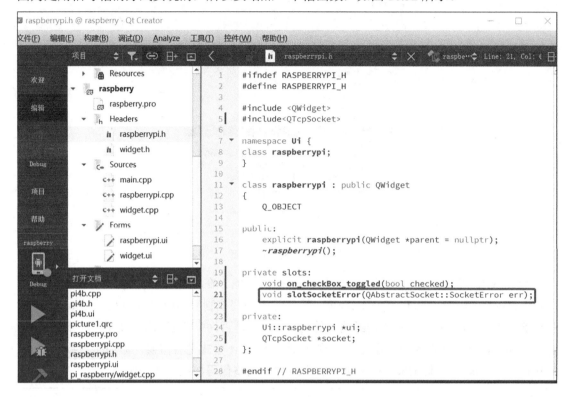

图 10.52　增加槽函数

用 connect 函数实现信号和槽的关联，如图 10.53 所示。

图 10.53　用 connect 函数实现信号和槽的关联

完成信号和槽的关联之后，槽函数 slotSocketError 的内容如图 10.54 所示。

图 10.54　槽函数 slotSocketError 的内容

按照信号槽的机制补充两个函数，即连接成功和连接失败的槽函数。函数 slotConnected 和 slotDisConnected 都需要在 raspberry.h 文件中提前声明。采用 connect 连接信号和槽，连接成功和连接失败信号关联槽函数如图 10.55 所示。

图 10.55　连接成功和连接失败信号关联槽函数

完成上述操作后编写连接成功和连接失败的函数内容，若连接成功，则打印"connect to car success"，并将 CheckBox 按钮的单击功能使能；若连接失败，则打印"disconnect from car"，并将 CheckBox 按钮的单击功能使能。连接成功和连接失败的槽函数实现如图 10.56 所示。

图 10.56　连接成功和连接失败的槽函数实现

二、功能示范

完成以上内容后，功能部分已经完成，下面演示如何在本地 PC 端测试网络连接功能。在本地 PC 端编写 Socket 服务器端的代码如下：

```
import socket
def testqtsocket():
    s = socket.socket(socket.AF_INET, socket.SOCK_STREAM)
    ADDR = ('127.0.0.1',7788)
    s.bind(ADDR)
    s.listen(1)
    conn, addr = s.accept()
    print("success connected...")
testqtsocket()
```

运行上述服务器端代码，然后在 Qt 界面中找到工程名称 raspberry，右击，在弹出的快捷菜单中选择运行。第一次构建需要耗费的时间较长，等待界面出现，输入用户名和密码，正确后跳转到控制界面，单击界面右侧的 CheckBox 按钮，弹出 ip 和 port 输入框，在 ip 中输入 127.0.0.1，在 port 中输入 7788。单击界面左侧的 CheckBox 按钮，开始进行网络连接。Qt 中的运行结果如图 10.57 所示。

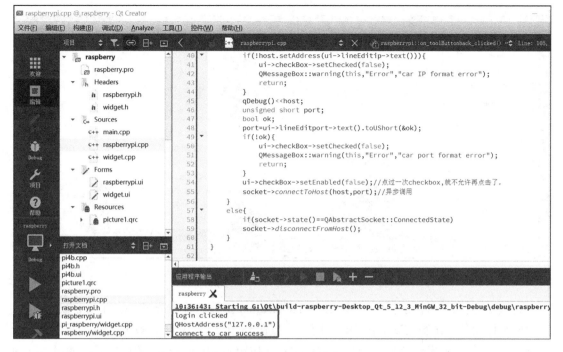

图 10.57 Qt 中的运行结果

若在本地 PC 端打印"success connected...",则表示界面功能实现正常,网络正常。

三、任务实践

完成网络连接代码编写,先在 PC 端运行界面实现运行界面和本地 PC 端的网络连接,再修改 IP 地址,实现运行界面和树莓派端的网络连接。

任务 5:界面控制智能车运动

☁ 任务描述

- 任务要求:完成 5 个运动控制按钮的槽函数编写,以及树莓派智能车的响应函数编写。
- 任务效果:单击界面中的前进控制按钮,树莓派智能车开始前进,单击其他按钮可实现类似的功能。

一、运动功能函数设计

界面端的 5 个运动控制按钮最终要实现控制智能车运动的功能,因此需要编写对应的槽函数,以实现按下按钮,网络就传输指定内容到树莓派智能车。在按钮处右击,在弹出的快捷菜单中选择"转到槽",如图 10.58 所示。

在弹出的对话框中选择 clicked(),此时系统会自动跳转到 raspberrypi.cpp。按照同样的方式操作其他按钮。

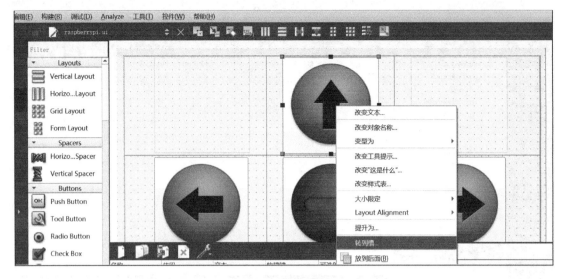

图 10.58　选择转到槽

完成上述操作后即创建了五个对应的 Tool Button 函数，单击按钮即执行此函数的内容。运动控制按钮的槽函数实现如图 10.59 所示。按钮 toolButtonforward 被单击后，通过 Socket 向指定的 ip 和 port 发送信息，信息内容为"f"。按钮 toolButtonstop 被单击后，通过 Socket 向指定的 ip 和 port 发送信息，信息内容为"s"。

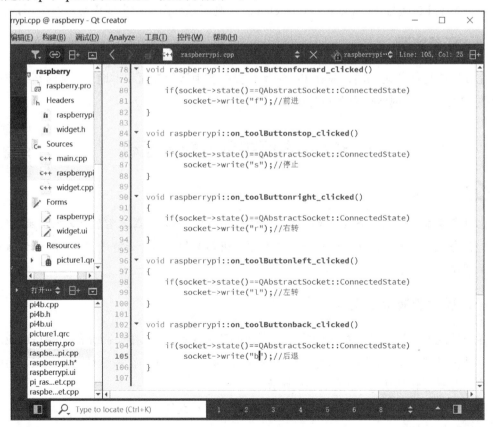

图 10.59　运动控制按钮的槽函数实现

二、功能示范

在控制界面中，我们设置了 5 个智能车运动控制按钮，分别为前进、后退、左转、右转和停止。在树莓派智能车系统中，还需要编写智能车运行代码及 Socket 服务器端代码。Socket 服务器端代码需要实现网络侦听和信号接收功能，若收到前进信号，则调用智能车前进函数。编写函数 pi_server() 实现 Socket 服务器端功能代码。

树莓派智能车完整代码 appcontrol.py 如下：

```python
import socket
import time
import RPi.GPIO as GPIO
PWMA = 18
AIN1 = 22
AIN2 = 27
PWMB = 23
BIN1 = 25
BIN2 = 24


def Moveforward(speed,sleeptime):
    L_Motor.ChangeDutyCycle(speed)
    GPIO.output(AIN2,False)
    GPIO.output(AIN1,True)
    R_Motor.ChangeDutyCycle(speed)
    GPIO.output(BIN2,False)
    GPIO.output(BIN1,True)
    time.sleep(sleeptime)


def Car_stop(sleeptime):
    L_Motor.ChangeDutyCycle(0)
    GPIO.output(AIN2,False)
    GPIO.output(AIN1,False)
    R_Motor.ChangeDutyCycle(0)
    GPIO.output(BIN2,False)
    GPIO.output(BIN1,False)
    time.sleep(sleeptime)


def Car_back(speed,sleeptime):
    L_Motor.ChangeDutyCycle(speed)
    GPIO.output(AIN2,True)
    GPIO.output(AIN1,False)
    R_Motor.ChangeDutyCycle(speed)
    GPIO.output(BIN2,True)
    GPIO.output(BIN1,False)
    time.sleep(sleeptime)
```

```python
def turnleft(speed,sleeptime):
    L_Motor.ChangeDutyCycle(speed)
    GPIO.output(AIN2,True)
    GPIO.output(AIN1,False)
    R_Motor.ChangeDutyCycle(speed)
    GPIO.output(BIN2,False)
    GPIO.output(BIN1,True)
    time.sleep(sleeptime)

def turnright(speed,sleeptime):
    L_Motor.ChangeDutyCycle(speed)
    GPIO.output(AIN2,False)
    GPIO.output(AIN1,True)
    R_Motor.ChangeDutyCycle(speed)
    GPIO.output(BIN2,True)
    GPIO.output(BIN1,False)
    time.sleep(sleeptime)

def pi_server():
    s = socket.socket(socket.AF_INET, socket.SOCK_STREAM)
    ADDR = ('',7788)
    s.bind(ADDR)
    s.listen(1)
    conn, addr = s.accept()
    print("success connected...")
    try:
        while True:
            data = conn.recv(1024)
            if (data == "f"):
                Moveforward(50,1)
            elif (data == "b"):
                Car_back(50,2)
            elif (data == "s"):
                Car_stop(3)
            elif (data == "l"):
                turnleft(30,1)
            elif (data == "r"):
                turnright(30,1)
            else:
                print("no data")
    except KeyboardInterrupt:
        s.close()
        L_Motor.stop()
```

```
            R_Motor.stop()
            GPIO.cleanup()

GPIO.setwarnings(False)
GPIO.setmode(GPIO.BCM)
GPIO.setup(AIN2,GPIO.OUT)
GPIO.setup(AIN1,GPIO.OUT)
GPIO.setup(PWMA,GPIO.OUT)
GPIO.setup(BIN1,GPIO.OUT)
GPIO.setup(BIN2,GPIO.OUT)
GPIO.setup(PWMB,GPIO.OUT)
L_Motor= GPIO.PWM(PWMA,100)
L_Motor.start(0)
R_Motor = GPIO.PWM(PWMB,100)
R_Motor.start(0)
pi_server()
```

在 PC 端运行 raspberry 工程，进入登录界面，输入正确的用户名和密码，进入控制界面，在控制界面中连接树莓派网络。树莓派智能车运行 appcontrol.py，等待接收信号。单击控制界面中的运动控制按钮，查看智能车运行效果。

三、任务实践

（1）完成 5 个 Tool Button 运动控制按钮的槽函数代码编写。
（2）编写树莓派智能车响应代码。
（3）测试运行，查看控制效果。

任务 6：温湿度数据界面显示

任务描述

- 任务要求：布局温湿度显示界面按钮和输入框，搭建温湿度采集系统。
- 任务效果：在界面中单击采集按钮，实时采集温湿度数据，将采集到的数据传输至界面显示框中。

一、温湿度显示界面设计

在本任务中，我们将要通过树莓派端获取温湿度数据，并将数据发送至 PC 端显示，因此需要在界面中添加显示框。在控制界面中，在运动控制按钮栅格布局中剩余两个空的位置，用来插入温湿度显示框，温湿度文字描述采用 Label 工具类型，直接固定显示。获取的温湿度数据采用 Text Edit 输入框类型，工具选择和位置布局如图 10.60 所示。

实时采集和发送温湿度数据，如果持续显示，将造成显示框持续刷新，不利于观察，因此要设计一个 Get 按钮，单击该按钮后再显示实时的温湿度数据。Get 按钮选用 Push Button

工具类型，如图 10.61 所示。

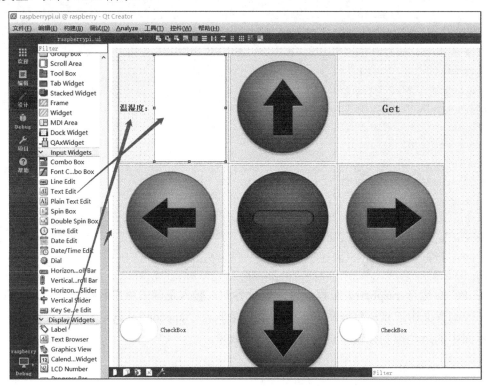

图 10.60　工具选择和位置布局

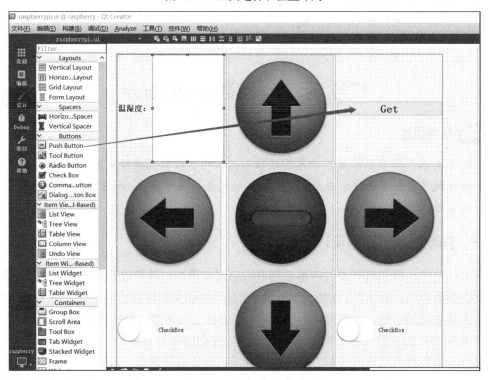

图 10.61　Get 按钮工具类型

为了使最终显示界面整齐，建议所有图标的整体布局参考图 10.62。

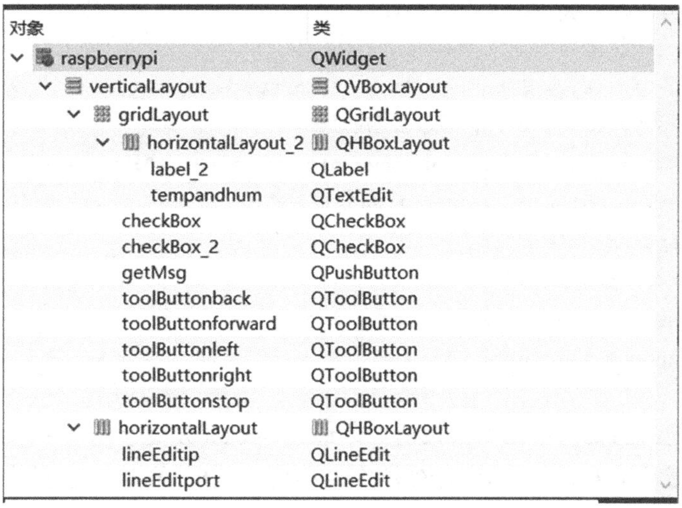

对象
类
raspberrypi
QWidget
verticalLayout
QVBoxLayout
gridLayout
QGridLayout
horizontalLayout_2
QHBoxLayout
label_2
QLabel
tempandhum
QTextEdit
checkBox
QCheckBox
checkBox_2
QCheckBox
getMsg
QPushButton
toolButtonback
QToolButton
toolButtonforward
QToolButton
toolButtonleft
QToolButton
toolButtonright
QToolButton
toolButtonstop
QToolButton
horizontalLayout
QHBoxLayout
lineEditip
QLineEdit
lineEditport
QLineEdit

图 10.62　整体界面布局

修改 Get 按钮的 objectName 为 getMsg，右击 Get 按钮图标，在弹出的快捷菜单中选择转到槽，如图 10.63 所示。

raspberrypi.ui @ raspberry - Qt Creator
文件(F) 编辑(E) 构建(B) 调试(D) Analyze 工具(T) 控件(W) 帮助(H)
raspberrypi.ui
Filter
欢迎
编辑
设计
Debug
项目
帮助
温湿度：
Get
改变文本...
改变对象名称...
变型为
改变工具提示...
改变"这是什么"...
改变样式表...
大小限定
Layout Alignment
提升为...
转到槽...
放到后面(B)
放到前面(F)
剪切(T)
复制(C)
粘贴(P)
选择祖先
选择全部(A)
删除(D)
布局

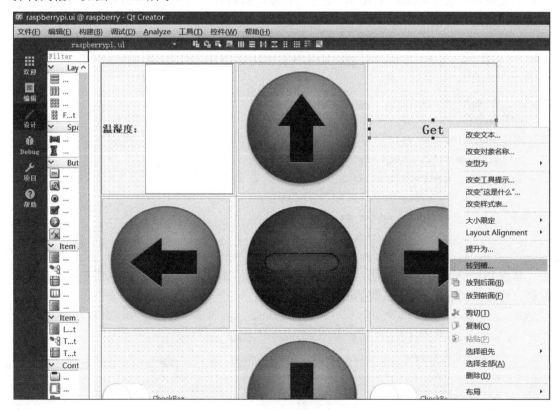

图 10.63　选择转到槽

工程跳转到 raspberrypi.cpp 文件，自动完成 on_getMsg_clicked()函数创建，该函数的参

考代码如下:

```
void raspberrypi::on_getMsg_clicked()
{
    if(socket->state()==QAbstractSocket::ConnectedState)
        socket->write("g");//获取温湿度数据
    qDebug()<<"get temperature and humidity from DHT11";
    QByteArray wenshidu = socket->readAll();
    ui->tempandhum->clear();
    qDebug()<<wenshidu;
    QString ss=QVariant(wenshidu).toString();
    ui->tempandhum->setText(ss);
}
```

函数实现功能:当我们单击 Get 按钮后,通过 Socket 发送字符"g"到树莓派端,然后开始读取树莓派端发送来的所有数据,先清空温湿度输入框,再将接收到的温湿度数据写入。

二、功能示范

下面我们将演示树莓派端如何获取温湿度数据并发送到界面中显示。在项目 4 中我们已经学习过树莓派端采集温湿度数据,这里的温湿度数据我们采用 CSV 文件形式保存。获取温湿度数据的参考代码如下:

```
def gettempandhum():
    humidity,temperature = Adafruit_DHT.read_retry(11, dht11pin)
    temp1=['Temperature:']
    temp2=[temperature]
    temp3=['Humidity:']
    temp4=[humidity]
    with open('wenshidu.csv','w')as f:
        f_csv=csv.writer(f)
        f_csv.writerow(temp1)
        f_csv.writerow(temp2)
        f_csv.writerow(temp3)
        f_csv.writerow(temp4)
```

修改 pi_server()函数的代码,增加接收到字符"g"后采集一次温湿度数据并通过 Socket 发送。修改后的 pi_server()函数的参考代码如下:

```
def pi_server():
    s = socket.socket(socket.AF_INET,socket.SOCK_STREAM)
    ADDR =('',8888)
    s.bind(ADDR)
    s.listen(1)
    conn, addr=s.accept()
    print("success connected...
    try:
```

```
            while True:
                data = conn.recv(1024)
                if (data == b'g'):
                #若传输数据为字符串类型,则修改为 if (data == ''g''):
                    gettempandhum()
                    with open("wenshidu.csv","rb")as f:
                        senddata=f.read(1024)
                        print(senddata)
                        if not senddata:
                            exit(0)
                        conn.sendall(senddata)
                elif (data== b'f'):
                    Moveforward(50, 1)
                elif (data ==b'b'):
                    Car_back(50, 2)
                elif (data == b's'):
                    Car_stop(3)
                elif (data == b'l'):
                    turnleft(30, 1)
                elif (data == b'r'):
                    turnright(30, 1)
                else:
                    print("no data")
    except KeyboardInterrupt:
        s.close()
        L_Motor.stop()
        R_Motor.stop()
        GPIO.cleanup()
```

完成以上代码修改后,确保 DHT11 温湿度传感器硬件电路接线正确,电路接通后能够实时获取温湿度数据,在 PC 端运行 raspberry 工程文件,进入控制界面,输入树莓派 ip 和 port,网络连接成功后,单击 Get 按钮,查看显示效果。

三、任务实践

根据温湿度显示界面设计和树莓派响应的演示内容,完成以下任务开发。

(1)设计温湿度显示界面。

(2)编写 Get 按钮槽函数。

(3)完成 DHT11 温湿度传感器硬件电路连接。

(4)编写树莓派端响应程序,实现接收到指定信号后开始采集温湿度数据,并发送数据到界面程序中。

(5)运行演示以上功能。

任务 7：安卓 App 生成

🌐 任务描述

- 任务要求：生成安卓 App，在手机中安装运行。
- 任务效果：在 Qt 中构建工程，生成 apk 文件并下载到手机中，单击运行，进入登录界面，输入正确的用户名和密码，进入控制界面开启控制和显示功能。

一、Android 环境

在 Qt 制作界面生成安卓 App 需要在 Qt 中搭建 Android 环境，包含 JDK、SDK 和 NDK 三个安装包，本次实践项目采用的 JDK 为 microsoft_dist_openjdk_1.8.0.25 版本，Android SDK 需要先在 PC 端安装 Android Studio，在 Android Studio 中找到 SDK 的路径，NDK 版本为 android-ndk-r19c-windows-x86_64。

当 JDK、SDK、NDK 环境都准备好之后，打开 Qt 菜单栏中工具栏下面的选项，如图 10.64 所示，选择设备，单击 Android，将 JDK、SDK、NDK 的路径添加进来，当显示 Android settings are OK 时，表示 Android 环境已搭建好。

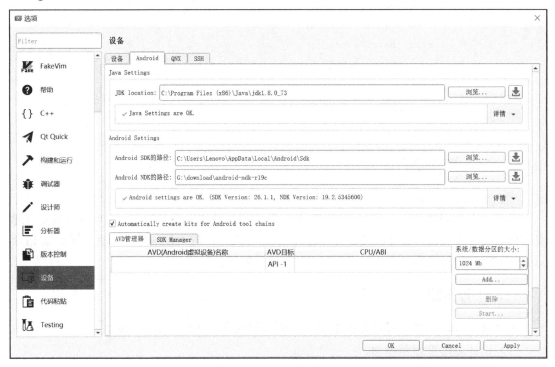

图 10.64　搭建 Android 环境

单击设备中的设备栏，选择在 Android 上运行，如图 10.65 所示。

单击选项中的 Kits，查看构建套件，如图 10.66 所示，三个 Android 环境都正常。在实际项目中，我们只选择其中一个进行构建即可，下面以 Android for armeabi-v7a 环境为例进行配置。

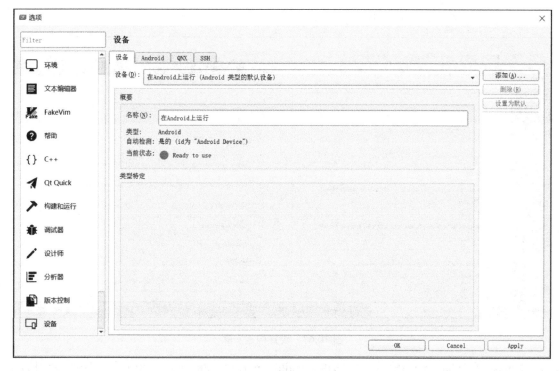

图 10.65　选择运行环境

图 10.66　构建套件

返回 Qt Creator，找到工程项目，右击工程项目，在弹出的快捷菜单中选择构建。第一次构建需要设置构建步骤，如图 10.67 所示，单击 Android for armeabi-v7a 下面的 Build，进行构建步骤的配置，可以自行设定构建目录。

图 10.67　设置构建步骤

Qmake 和 Make 选择默认设置即可，Build Android APK 栏目下需要创建密钥存储库和证书，如图 10.68 所示，自行填写内容即可，需要注意的是，记住这里设置的密码，并正确填写国家代码。

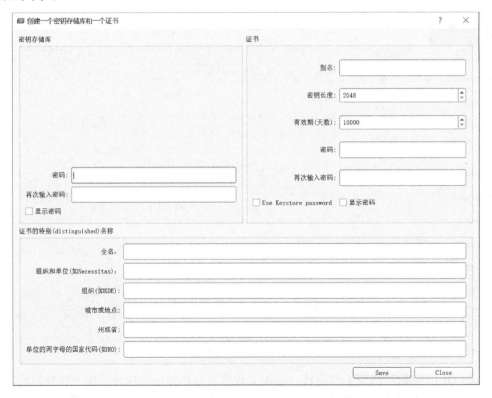

图 10.68　创建密钥存储库和证书

完成构建步骤的配置后,单击构建,选择构建套件中的 Android for armeabi-v7a 套件,构建模式选择 Debug,如图 10.69 所示。

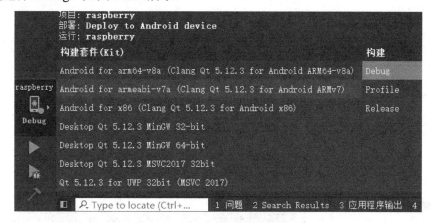

图 10.69 选择构建模式

二、功能示范

右击工程文件,在弹出的快捷菜单中选择构建,构建工程,如图 10.70 所示。

图 10.70 构建工程

在构建过程中,若出现编译、程序输出等错误,则会显示在输出框中;若没有错误,则构建成功后会显示 "BUILD SUCCESSFUL",程序正常退出,如图 10.71 所示。生成的 apk 文件为 android-build-debug.apk,文件路径已在图 10.71 中的 "--File:" 后面列出来了。

将生成的 apk 文件发送到安卓手机,如可以通过 QQ 的方式进行发送。在安卓手机上单击安装该 apk 文件,安装成功后 App 会显示在安卓手机上。图标名称为项目工程名称。

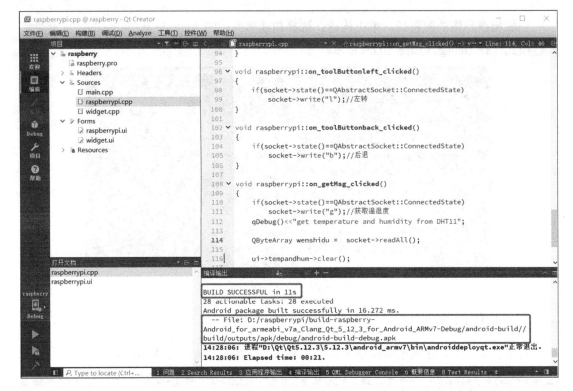

图 10.71　构建编译输出

三、任务实践

（1）搭建 Qt 中的安卓环境。

（2）构建工程，生成 apk 文件。

（3）下载 apk 文件，运行并测试控制及显示功能。

反侵权盗版声明

电子工业出版社依法对本作品享有专有出版权。任何未经权利人书面许可，复制、销售或通过信息网络传播本作品的行为；歪曲、篡改、剽窃本作品的行为，均违反《中华人民共和国著作权法》，其行为人应承担相应的民事责任和行政责任，构成犯罪的，将被依法追究刑事责任。

为了维护市场秩序，保护权利人的合法权益，我社将依法查处和打击侵权盗版的单位和个人。欢迎社会各界人士积极举报侵权盗版行为，本社将奖励举报有功人员，并保证举报人的信息不被泄露。

举报电话：（010）88254396；（010）88258888

传　　真：（010）88254397

E-mail：dbqq@phei.com.cn

通信地址：北京市万寿路 173 信箱

　　　　　电子工业出版社总编办公室

邮　　编：100036